Rowohlt Verlag GmbH, Kirchenallee 19, 20099 Hamburg

Kontaktadresse nach EU-Produktsicherheitsverordnung:
produktsicherheit@rowohlt.de

Die Autoren zeigen, wie man als Coach Führungskräfte bei der erfolgreichen Gestaltung ihrer Rolle unterstützen kann. Sie stellen Vorgehensmodelle und Werkzeuge zur Verfügung und illustrieren sie mit Fallskizzen aus ihrer langjährigen Coachingpraxis. Trainer, Berater, Personalentwickler und Führungskräfte finden hier eine Fülle von Anregungen und konkreten Hilfestellungen für ihre Arbeit.

Dieses Buch ergänzt die rororo-Bände «Coaching: Miteinander Ziele erreichen» und «Selbstcoaching: Hintergrundwissen, Anregungen und Übungen zur persönlichen Entwicklung», die seit vielen Jahren beständig in den Management- und Coaching-Bestsellerlisten vertreten sind.

Maren Fischer-Epe ist Expertin für Lern- und Veränderungsprozesse. Ihre Bücher über Coaching und Selbstcoaching sind Standardwerke in der Ausbildung von Beratern, Trainern und Führungskräften.

Martin Reissmann ist Experte für Personal- und Organisationsentwicklung. Er war viele Jahre selber Führungskraft, kennt die beschriebenen Prozesse also auch aus der Innenperspektive.

Beide verbindet eine langjährige Zusammenarbeit als Berater, Trainer und Coach. Gemeinsam leiten sie seit vielen Jahren auch Ausbildungsprogramme für Business-Coaching.

Mehr zu den Autoren erfahren Sie unter www.fischer-epe.de

Maren Fischer-Epe, Martin Reissmann

Coaching zu Führungsthemen

Modelle und Anregungen für die Praxis

Rowohlt Taschenbuch Verlag

3. Auflage Dezember 2023
Originalausgabe
Veröffentlicht im Rowohlt Taschenbuch Verlag,
Reinbek bei Hamburg, April 2017

Zeichnungen Maren Fischer-Epe und Rita Hummel
Umschlaggestaltung ZERO Werbeagentur, München
Satz aus der Minion und Officina PostScript, InDesign,
bei hanseatenSatz-bremen, Bremen
Druck und Bindung BoD – Books on Demand GmbH, Bad Hersfeld
ISBN 978-3-499-63236-5

Inhalt

Vorbemerkung

Liebe Leserin, lieber Leser,

in diesem Buch stellen wir Ihnen Überlegungen, Modelle und Werkzeuge vor, die sich in unseren Coachings mit Führungskräften bewährt haben. Vieles davon ist in ähnlicher Form auch Bestandteil unserer Arbeit als Personal- und Organisationsentwickler sowie in Führungs- und Kommunikationstrainings. Hier geht es uns aber um die Übersetzung ins Coaching und um die Verbindung der Experten – und Trainingsanteile mit der personenbezogenen Beratung.

Die beschriebenen Vorgehensmodelle möchten wir als Anregungen verstanden wissen und nicht als Rezepte oder starre Konzepte, denn Coach und Coachee müssen immer wieder austarieren, welche einzelnen Vorgehensschritte in der jeweiligen Situation angemessen sind und wie tief bzw. gründlich ein Schritt bearbeitet werden soll.

Die Kapitel sind unterschiedlichen Führungsanforderungen zugeordnet. Wenn Sie sich einen schnellen Überblick verschaffen wollen – beispielsweise bei der konkreten Vorbereitung einer Coaching-Sitzung –, finden Sie kurze Zusammenfassungen der wesentlichen Fragen und Vorgehensschritte im Anhang.

Dieses Buch ergänzt die rororo-Bände «Coaching: Miteinander Ziele erreichen» und «Selbstcoaching: Hintergrundwissen, Anregungen und Übungen zur persönlichen Entwicklung», die zum festen Bestandteil zahlreicher Aus- und Weiterbildungen geworden sind.

Grundsätzliche Haltungen, Modelle und Methoden der Gesprächsführung im Coaching und der Kommunikationspsychologie, die dort ausführlicher beschrieben sind, tauchen hier in ihrer praktischen Anwendung wieder auf.

Aus den Rückmeldungen unserer Leser wissen wir, dass beide Bücher vielfach als Vorbereitungshilfe vor konkreten Coaching-Herausforderungen genutzt werden. Wir würden uns wünschen, dass das auch mit diesem Buch gelingt.

Für zahlreiche Anregungen und ihre Ausdauer beim Korrekturlesen danken wir Claus Epe, Heidi Dokansky, Petra Speckmann und Nicolai Napp.

Wenn Sie Fragen haben, uns ein Feedback geben möchten oder an einer Weiterbildung zu Ihrer Coaching-Kompetenz interessiert sind, schreiben Sie an coaching@fischer-epe.de

Einleitung: Herausforderungen an den Coach

Unter «Coaching» verstehen wir in unserem Beraterteam eine Kombination aus

- individueller **Beratung**,
- persönlichem **Feedback** und
- praxisorientiertem **Training**

zu Themen und Fragestellungen, die sowohl die **Rollenanforderungen** als auch die **Persönlichkeit** des Coachees betreffen.

Den Begriff «Coaching» (von «to coach»: betreuen, trainieren) kennen wir in Deutschland seit den 1970er Jahren ursprünglich aus dem Spitzensport. Dort steht er für eine individuelle Betreuung von Profisportlern, die weit über ein reines Training der körperlichen Leistungsfähigkeit hinausgeht. Der Coach arbeitet mit psychologisch fundierten Beratungs- und Trainingsmethoden. Er hilft Ängste zu überwinden, Blockaden abzubauen, persönliche Erfolgsstrategien zu entwickeln, Erfolge zu genießen und Misserfolge zu verkraften.

Seit Mitte der 1980er Jahre hat sich Coaching auch als Bezeichnung für die individuelle Beratung von Führungskräften durchgesetzt. In einem geschützten und diskreten Rahmen können Fragestellungen behandelt werden, die die **Rolle** und die **Person** des Coachees betreffen.

Im Unterschied etwa zum klassischen Unternehmensberater hilft der Coach Führungskräften als **Sparringspartner**, Probleme zu lösen und Ziele zu erreichen, **ohne dabei als Experte**

Lösungen vorzugeben. Coaching ist hier also eine **professionell gesteuerte Reflexions- und Entwicklungshilfe** durch einen neutralen Dritten. Der Coaching-Prozess ist **zielorientiert und zeitlich befristet**.

Coaching gilt heute in vielen Unternehmen als selbstverständliche Ergänzung zu anderen Personalentwicklungsmaßnahmen und ist als Konzept für die systematische Entwicklung von Schlüsselpersonen und ganzen Führungsteams etabliert. Immer dann, wenn sich Führungskräfte und Projektverantwortliche mit herausfordernden Rahmenbedingungen und Rollenanforderungen konfrontiert sehen, z. B. bei der Übernahme neuer Führungsaufgaben, bei Konflikten oder schwierigen Entscheidungsprozessen, bei Umstrukturierungen, strategischer Neuausrichtung und Fusionen, hat sich der individuelle Zugang über ein Coaching bewährt: Im Einzelcoaching können Führungskräfte Schritt für Schritt **persönlich stimmige Lösungen für aktuelle Problemstellungen** entwickeln und mit dem Coach Umsetzung und Transfer begleitend reflektieren. Ein Coaching kann schnell, unkompliziert und punktgenau eingesetzt werden und ist damit nicht selten anderen Weiterbildungsinitiativen überlegen.

Was unterscheidet nun ein Coaching zu Führungsthemen von einem Coaching zu anderen Fragen, die nicht unbedingt mit einer Führungsrolle verknüpft sind, z. B. zu Auftritt und Wirkung, zur persönlichen Karriereplanung oder zur persönlichen Lebens- und Arbeitsorganisation? Zunächst einmal nichts, werden Sie vielleicht denken, denn die Grundhaltung und die Methoden der Gesprächsführung sind dieselben. Das ist im Prinzip auch richtig – und dennoch gibt es besondere Herausforderungen, die im Coaching zu Führungsthemen zu meistern sind.

Führungskräfte werden in der Regel eingesetzt, um mit ihren Mitarbeitern Unternehmensziele zu erreichen. Ihre Rollenanforderungen sind vielfältig. Sie sollen Orientierung geben, komplexe Prozesse managen und die Qualität und Effizienz von Produkten, Dienstleistungen und Prozessen sicherstellen. Sie müssen Leistung fordern und gleichzeitig Mitarbeiter und Teams fördern. Sie müssen ein Klima schaffen, in dem Menschen im Sinne der Aufgabenstellung konstruktiv zusammenarbeiten können.

Führungskräfte bewegen sich also in einer höchst komplexen und **anspruchsvollen Erwartungslandschaft**. Ihr Handeln hat Auswirkungen auf viele andere Menschen, die mehr oder weniger davon abhängig sind, dass sie ihre Rollenverantwortung angemessen wahrnehmen. Im Coaching müssen oft widersprüchliche Rollenanforderungen austariert werden: Wie kann es gelingen, unternehmerisch klare Ziele zu setzen und Leistung zu fordern – und dabei gleichzeitig ein Team mitzunehmen und ehrliche Mitgestaltung anzubieten? Wie kann man eine ungeliebte Erwartung oder eine harte Kritik anbringen und den Mitarbeiter gleichzeitig wertschätzend bei seiner Entwicklung unterstützen? Wie soll man Menschen für Ziele motivieren, die einem selbst suspekt sind? Oder auf Ziele ausrichten, wenn dem Unternehmen eine Strategie fehlt? Wie viel Transparenz und Offenheit ist nötig, um das Vertrauen von Mitarbeitern in einer Krise nicht zu verlieren, und wie viel Zurückhaltung und Diskretion muss aus Loyalität zum Unternehmen gewahrt bleiben?

Wenn der Coach hier Sparringspartner sein will, braucht er auch Feldkompetenz: Er sollte sich in der Unternehmenswelt mit ihren Hierarchien und internen Mechanismen gut genug auskennen, um die Informationen einordnen und hinterfragen zu können und um dem Coachee auf Fragen zur Rollengestaltung auch angemessen antworten zu können.

Manche Beratungsschulen vermitteln die Vorstellung, alle Ressourcen seien im Klienten-System bereits vorhanden und müssten nur «geweckt» werden. Und tatsächlich ist ein tiefes inhaltliches Verständnis des Problems für die Lösungsfindung im Coaching generell nicht immer erforderlich. Manchmal ist es vielleicht sogar besser, wenn man gar nicht in die Gefahr kommt, sich inhaltlich einzumischen. Aber gerade im Dialog mit Führungskräften ist der Coach eben oft auch als Experte, Sparringspartner und Feedbackgeber gefragt.

Der Coach braucht also neben der Gesprächskompetenz und dem psychologischen Verständnis auch Unternehmenserfahrung und Feldkompetenz. Er sollte unterscheiden können, inwieweit bestehende Konflikte im Rollenkontext angelegt sind und inwieweit sie von der Persönlichkeit des Coachees mit beeinflusst werden. Psychologisch beseelte Coaches neigen vielleicht dazu, komplexe, im Machtgefüge und Rollenkontext angelegte Konflikte zu personalisieren und zu einseitig auf der Ebene persönlicher Entwicklungsthemen zu bearbeiten. Umgekehrt übergehen Coaches mit einseitiger Sach- und Ergebnisorientierung möglicherweise psychologische Hinweise und Auffälligkeiten, weil sie sich im Feld der sogenannten weichen Wirklichkeiten nicht beheimatet fühlen.

Der Coachee sollte sicher sein können, dass Organisations- und Sachprobleme nicht individualisiert und psychologisiert werden – und gleichzeitig vom Coach erfasst wird, wo es in der Interaktion menschelt oder wo tatsächlich persönliche Entwicklung hilfreich wäre.

Der Coach muss also eine gute **Balance** halten zwischen zwei Beraterrollen:

Einerseits leistet er eine psychologische **Prozessberatung** mit dem Fokus auf Hilfe zur Selbsthilfe, versucht die **Person** und ihre inneren Begründungszusammenhänge zu verstehen und passgenau bei ihrer persönlichen Entwicklung zu unterstützen.

Andererseits bietet er aber auch eine **leistungsbezogene Fachberatung** mit dem Fokus auf Feedback, Stellungnahme und Training zu Führungsfragen.

Diese beiden Rollenaspekte abzubilden und immer wieder angemessen auszutarieren bleibt eine ständige Herausforderung im Coaching zu Führungsthemen.

1. Rollen- und Führungsverständnis entwickeln

1.1 Führungsanforderungen klären

Die Anforderungen und Erwartungen zu klären, die mit einer übernommenen Führungsverantwortung verbunden sind, ist zentraler Bestandteil beinahe jedes Coachings zu Führungsthemen.

Je besser Führungskräfte wissen – und kommunizieren können –, wofür sie da sind, wofür sie verantwortlich sind, welche Anforderungen sie erfüllen müssen und welche Einflussmöglichkeiten und Handlungsspielräume sie haben, desto besser gelingt die Zusammenarbeit mit Mitarbeitern, Kollegen und Vorgesetzten. Insofern sollte die Reflexion über die eigene Rolle grundsätzlich bei jedem Coaching zu Führungsthemen gefördert werden.

Besonders bei der Übernahme neuer Führungsrollen kann ein Coaching individuell und effektiv helfen, sich über die mit der neuen Rolle verbundenen Anforderungen klarzuwerden und ein eigenes Führungsverständnis zu entwickeln. Manche Coachees sind bereits durch interne Führungstrainings und Instrumente der Personalentwicklung gut auf die neuen Anforderungen vorbereitet oder kommen mit klaren Fragestellungen. Wenn der Coachee jedoch diffuse oder idealisierte Vorstellungen seiner Führungsrolle hat, ist der Coach zu Beginn stärker als Sparringspartner und Experte gefragt.

In unserer Coaching-Praxis haben sich dafür unterschiedliche methodische Schritte bewährt, wobei die Reihenfolge variabel sein kann und nicht immer alle Schritte notwendig sind:

- ein Zielbild entwickeln,
- Führungsvorbilder und -werte bewusst machen,
- Führungsaufgaben und Rollenanforderungen verstehen,
- die Rollen- und Erwartungslandschaft reflektieren,
- eine Selbsteinschätzung vornehmen.

Im Folgenden stellen wir Ihnen unser Vorgehen vor und illustrieren es an drei Fallskizzen:

Frau Neumeier wird Abteilungsleiterin für ein 15-köpfiges Team, in dem sie bisher mit hoher Akzeptanz als Kollegin gearbeitet hat.

Frau Rechtling soll nach einer Fusion die fachlich stark verunsicherten Mitarbeiter eines großen HR-Bereichs führen.

Herr Scheumann kommt als Externer in ein Traditionsunternehmen und übernimmt mit der Leitung einer Versandabteilung mit 20 älteren «Haudegen» zum ersten Mal eine Führungsrolle.

Zielbild entwickeln

Zur Einstimmung möchten wir erfahren, welche Ideen und Zielvorstellungen der Coachee von seinem neuen Verantwortungsbereich, seinem Team und seiner neuen Rolle mitbringt. Hier geht es noch nicht um ausgearbeitete Visionen, Ziele und Strategien, die wir in Kapitel 2 behandeln, sondern um erste Gedanken und Bilder des Coachees. Wir starten also mit einem kleinen Zukunftsentwurf:

- Wenn Sie sich vorstellen, es sind zwei Jahre vergangen und die Abteilung hat sich unter Ihrer Leitung prächtig entwickelt: Was haben Sie bis dahin erreicht? Wie steht Ihre Abteilung da? Was haben Sie gemeinsam fachlich erreicht? Wie arbeiten Sie im Team zusammen? Wie verhalten sich die Kollegen untereinander und Ihnen gegenüber? Wie funktioniert Führung und Zusammenarbeit?

Diese kurze Selbstbesinnung soll den Coachee in einen motivierenden Kontakt mit der neuen Führungsrolle bringen. Gleichzeitig erhält der Coach hier bereits erste Hinweise auf das Rollen- und Führungsverständnis des Coachees sowie auf die anstehenden Entwicklungsaufgaben:

Frau Neumeier stellt sich vor, dass das zurzeit stark demotivierte Team in zwei Jahren sehr harmonisch zusammenarbeitet, jeder jedem hilft, sie als Führungskraft im Team und im Kollegenkreis akzeptiert ist und sich beim Inhaber niemand mehr beschwert.

Im Zielbild von **Frau Rechtling** können und wollen die HR-Referenten auch komplexe Fälle selbst entscheiden und sind akzeptierte Gesprächspartner von allen Führungskräften. Sie selbst sieht sich als strategische Diskussionspartnerin der Geschäftsleitung, die ihrem Team Orientierung gibt und effiziente Prozesse in der Personalabteilung installiert hat.

Herr Scheumann sieht sich in zwei Jahren als akzeptierte Führungskraft, die den alten Logistik-Haudegen auch mal Paroli bieten und ihre Standpunkte auch dem Chef gegenüber selbstbewusst vertreten kann. Der Versand ist dann auf dem neuesten Stand der Technik und damit deutlich effizienter geworden. Die Mitarbeiter haben diese Veränderungen akzeptiert und sich entsprechend qualifiziert.

Führungsvorbilder und -werte bewusst machen

Im nächsten Schritt regen wir den Coachee an, sich über die eigenen Kriterien und Werte für erfolgreiche Führung klarzuwerden und eigene Erfahrungen mit positiv und negativ erlebten Vorgesetzten zu reflektieren. Wir stellen Fragen zur Selbstreflexion und visualisieren die Antworten auf dem Flipchart:

- Wenn Sie zurückschauen auf die Vorgesetzten und Führungskräfte, die Sie selbst bisher erlebt haben oder an Menschen, bei denen Sie Führung erlebt haben (Eltern, Großeltern, Trainer, Lehrer ...): Wo gab es da positive Erfahrungen/gelungene Führung?
- Wer hat Sie besonders beeindruckt/gefordert/gefördert/begeistert?
- Unter wessen Führung haben Sie besonders gern und motiviert gearbeitet?
- Was hat Ihnen daran besonders gefallen/war Ihnen angenehm?
- Und wo haben Sie Führung erlebt, von der Sie heute sagen würden: «Schlimmer geht's nimmer»? Was haben Sie dort erlebt? Was haben Sie daraus gelernt?
- Wenn Sie heute ein Fazit ziehen: Welche persönlichen Werte sollen Ihr Führungshandeln leiten? Wofür wollen Sie stehen?

Beim Abholen dieser sehr persönlichen Bilder und Ideen erhält man weitere Hinweise darauf, welche Rollenaspekte und -anforderungen vom Coachee gesehen werden und welche möglicherweise idealisiert oder auch ausgeblendet werden:

Frau Neumeier hat es immer sehr gutgetan, wenn Vorgesetzte ansprechbar waren, gut zuhören konnten und sie sich gefördert fühlte. Sie betont: Führungskräfte müssen sich für ihre Mitarbeiter einsetzen!

Frau Rechtling erinnert sich an Vorbilder, die genau wussten, was und wohin sie wollten. Bei Vorgesetzten mit tollen Ideen und großer Durchsetzungsstärke fühlte sie sich motiviert und hatte dann das Gefühl, an «etwas Großem» mitzuarbeiten.

Herr Scheumann hat bisher keine positiven Führungsvorbilder erlebt und berichtet, dass er sich gewünscht hätte, dass Vorgesetzte weniger aufbrausend und stattdessen besonnen und tolerant gewesen wären. Für ihn sollte das Sachlich-Fachliche im Vordergrund stehen und nicht so sehr persönliche Beziehungen und Sympathien.

Führungsaufgaben und Rollenanforderungen verstehen

Erst nach dieser persönlichen Einstimmung sprechen wir mit dem Coachee über den Sinn und die Kernaufgaben von Führung. Zunächst fragen wir danach, welche Vorgaben und Modelle er dazu aus dem Unternehmen bekommt und ergänzen vielleicht um weitere Punkte, die nach unserer Vorstellung dazugehören.

Führungskräfte werden in der Regel eingesetzt, um mit ihren Mitarbeitern Unternehmensziele zu erreichen. Entsprechend vielfältig sind die Rollenanforderungen. Sie sollen:

- Mitarbeitern eine **strategische Orientierung** geben und die Verbindung zum Sinn und Zweck des Unternehmens lebendig halten,
- komplexe **Prozesse gestalten und steuern**,
- die **Qualität und Effizienz** von Produkten, Dienstleistungen und Prozessen sicherstellen,
- Mitarbeiter **fordern und fördern** und
- ein **Klima schaffen**, in dem Menschen im Sinne der Aufgabenstellung konstruktiv zusammenarbeiten können.

Diese Anforderungen sind übergeordnet und gelten sowohl für die Führung in der Linie, im Projekt oder wenn lateral geführt wird. Sie sind also unabhängig davon, ob eine stark steuernde Führung erwartet wird oder eher eine unterstützende Führung, wie es z. B. bei agilen Teams der Fall ist.

Dann übersetzen wir diese Kernanforderungen in ein Rollenmodell. Das Modell vom **«Inneren Führungsteam»** bietet eine einfache Systematik zum besseren Verständnis der unterschiedlichen Rollen- und Führungsanforderungen und veranschaulicht die verschiedenen inneren «Teamspieler», die man in sich vereinen muss, wenn man als Führungskraft erfolgreich sein will. Die unterschiedlichen Rollenanforderungen werden als innere «Teil-Personen» dargestellt, die alle unter einen Hut zu bringen sind und wie ein Team geführt werden müssen (vgl. Fischer-Epe 2007/2010, in Anlehnung an Schulz von Thun 1998 und Redlich 2000).

Vier Anforderungen unter einen Hut bringen

Während wir das Bild vom Inneren Führungsteam am Flipchart entstehen lassen, erklären wir dem Coachee:

Stellen Sie sich vor, dass Sie als Führungskraft diese Rollenanforderungen, die hier im Inneren der Führungskraft dargestellt sind, mit Leben füllen müssen:

- Als **Vertreter des Unternehmens** müssen Sie den wirtschaftlichen Erfolg und die Interessen des Unternehmens im Blick behalten und Ihren Verantwortungsbereich so führen, dass die Mitarbeiter einen angemessenen Beitrag zu den strategischen Zielen des Gesamtunternehmens leisten können.
- Als **Experte** sind Sie für die Gestaltung sinnvoller Arbeitsabläufe im Sinne der gestellten Aufgabe verantwortlich und müssen dafür sorgen, dass die Arbeiten in Ihrem Verantwortungsbereich qualifiziert und effizient ausgeführt werden.
- Gleichzeitig sind Sie als **Coach** auch verantwortlich für die Zusammenarbeit und die gezielte Entwicklung von Mitarbeitern und Teams. In dieser Rolle müssen Sie dem Team und jedem einzelnen Mitarbeiter ein Umfeld schaffen, in dem man im Sinne der Aufgabe erfolgreich kooperieren und lernen kann.
- Als selbst betroffener **Mensch** mit individuellen Wünschen, Werten und Interessen sind Sie auch sich selbst verpflichtet und müssen bereit sein, für das eigene Handeln einzustehen und Verantwortung zu übernehmen.

Nachdem das Modell vorgestellt ist, überprüfen wir mit dem Coachee, inwieweit seine bisherigen Vorstellungen sich bereits darin wiederfinden:

- Was fällt Ihnen auf, wenn Sie dies Modell mit Ihren bisherigen Gedanken vergleichen?
- Was würden Sie selbst sagen, welche Rollen Sie gut füllen, und wo sehen Sie Entwicklungsbedarf?

Frau Neumeier fällt sofort auf, dass sie Führung bisher fast ausschließlich aus der Perspektive des Coachs und selbst betroffener Menschen gesehen hat («das läuft bei mir immer auf Autopilot»). Die Rollen «Unternehmer» und «Experte» wird sie stärker mit Leben füllen müssen, als sie es sich bisher vorgestellt hat.

Frau Rechtling äußert freimütig, dass sie zur Coach-Rolle wenig Lust und insofern hier «vielleicht Nachholbedarf» hat. Sie findet, Mitarbeiter bekommen Geld und sollten daher von sich aus Leistungsbereitschaft und Entwicklungswille mitbringen. Schließlich seien sie alle erwachsen und müssten ein eigenes Interesse daran haben, sich immer weiterzuentwickeln, um up to date zu bleiben. Und für Kindergartenkonflikte habe sie kein Verständnis. Auch mit der Rolle des Experten, der im Detail fachlich und operativ tätig ist, kann sie sich nicht wirklich anfreunden. Die Seite des selbst betroffenen Menschen sei bei ihr mit der Unternehmerperspektive gleichzusetzen – so würde sie denken und handeln.

Der Coach könnte jetzt dieses Führungsverständnis hinterfragen oder Stellung nehmen und noch einmal betonen, dass die vier Aspekte des Inneren Führungsteams durchaus als Anforderungen zu verstehen sind, die in der Führungsrolle gleichermaßen erfüllt werden müssen. Er könnte aber auch abwarten, inwieweit Frau Rechtling nach dem nächsten Schritt selbst realisiert, wo ihre Entwicklungsthemen liegen.

Herr Scheumann reagiert eher selbstkritisch auf das Modell vom Inneren Führungsteam und zieht für sich das Fazit, dass bei ihm schnell die menschliche Betroffenheit überwiegt. Auch die Coach-Rolle habe Platz in seinem «Führungsbild». Die Unternehmerperspektive sei aber am wenigsten ausgeprägt und als

Experte habe er zwar alle Kompetenzen, die seiner Meinung nach gebraucht würden, es fehle ihm aber noch an der nötigen Power, sich damit auch durchzusetzen.

Rollen- und Erwartungslandschaft reflektieren

Rollen- und Erwartungslandschaft

Wenn die Kernanforderungen mit Hilfe des Modells vom Inneren Führungsteam zusammengefasst sind und der Coachee die «Lieblingsspieler» und «Stiefkinder» in seinem Inneren Führungsteam erkannt hat, öffnen wir den Blick auf die «Erwartungslandschaft»: Wer aus dem Unternehmensumfeld hat relevante Erwartungen an den Coachee als Führungskraft (z. B. der eigene Vorgesetzte, der Unternehmensvorstand, interne oder externe Kunden, Mitarbeiter, Kollegen, Betriebsrat, Schnittstellen)?

Dann lassen wir den Coachee die Erwartungen an seine Rolle aus den unterschiedlichen Perspektiven ausloten:

- Welche aktuellen, konkreten Erwartungen hat Ihr Vorgesetzter / haben Ihre Mitarbeiter / Kunden, Kollegen an Sie als Vertreter des Unternehmens / als Experten / als Coach / als Mensch?
- Wo sehen die Ihre Stärken und Entwicklungsfelder als Vertreter des Unternehmens / als Experte / als Coach / als Mensch?

Für diese Reflexion sollte man dem Coachee ausreichend Zeit lassen.

Selbsteinschätzung vornehmen

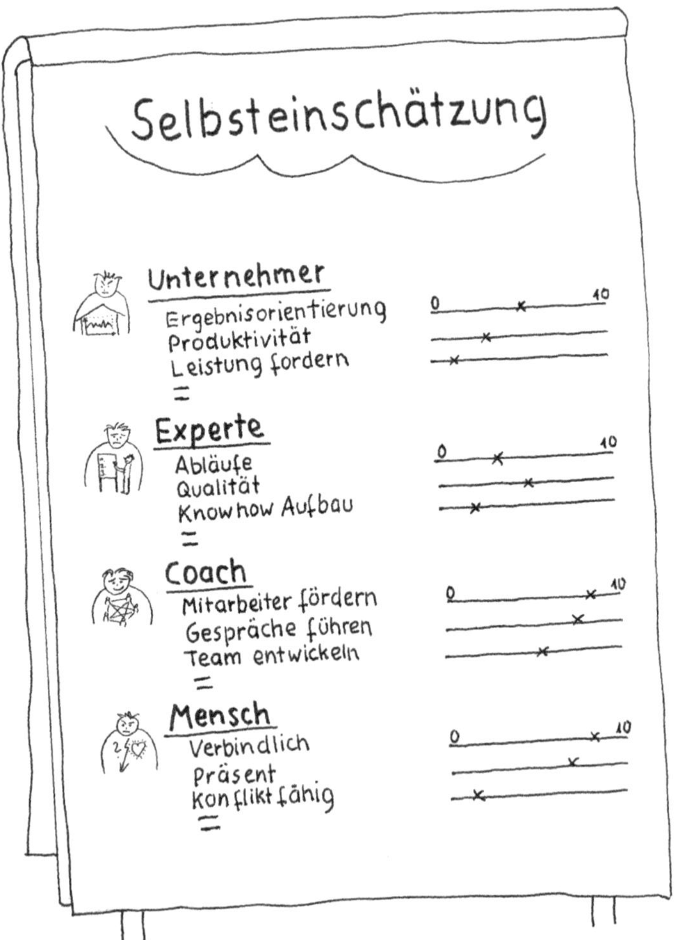

Selbsteinschätzung von Frau Neumeier

Danach listen wir die wichtigsten Erwartungen zu den vier unterschiedlichen Rollenaspekten auf. Der Coachee bewertet sich selbst zu jeder Erwartung auf einer Skala von eins bis zehn und entwickelt so sein individuelles Anforderungsprofil.

Die dabei deutlich werdenden Defizite werden zu Entwicklungsthemen und -aufgaben umformuliert und konkretisiert:

- Was müssten Sie konkret tun / lernen / unterlassen, um diese Erwartung besser erfüllen zu können, den Wert auf der Zehnerskala um einen oder zwei Punkte zu verbessern?

Beim Abgleich der Erwartungen sieht **Frau Neumeier** das größte Problem bei der Unternehmerrolle und beim Experten. Ihr wird klar, dass ihrem Team die strategisch-unternehmerische Orientierung und damit auch motivierende Ziele fehlen. Da das kleine mittelständische Unternehmen stark expandiert, hat sich der Inhaber aus der direkten Führung des Teams zurückgezogen. Früher war er selbst fast täglich vor Ort und in alle Prozesse involviert. Als charismatischer Unternehmer hatte er die Mitarbeiter dabei quasi automatisch motiviert und für die Unternehmensziele gewonnen. Jetzt wurde die Rolle der Teamleitung geschaffen, damit der Inhaber sich stärker auf die Unternehmensentwicklung konzentrieren kann. Im Team hat er damit eine echte Lücke hinterlassen. Frau Neumeier erkennt bei der Reflexion der unterschiedlichen Erwartungen, dass sie hier die Verbindung schaffen und die Abläufe und Prozesse stärker auf die veränderten Unternehmensziele ausrichten muss. Gleichzeitig fehlen im Team Fachkompetenzen für die veränderten Aufgaben – sie ist also auch als Expertin und Coach gefragt, wenn es darum geht, das Team breiter zu qualifizieren.

Für **Frau Rechtling** wird durch die Formulierung der unterschiedlichen Erwartungen deutlich, dass eine einseitige Konzentration auf die Unternehmerrolle viel Frustration auslösen und nicht zum gewünschten Ergebnis führen würde. Indem sie sich – im Rollentausch – in ihre Mitarbeiter einfühlt, versteht sie deren Verunsicherung, den Wunsch nach einer gründlichen Qualifizierung für die neuen Aufgaben und einer fairen Verteilung der Arbeit.

Sie muss ihren Schwerpunkt als Teamcoach setzen, fachliche Sicherheit als Expertin vermitteln und sich – mehr als bisher in der Stabsstelle gewohnt – auch persönlich zeigen und in Kontakt begeben, um alle Mitarbeiter mitzunehmen. Das ist allerdings zunächst eher eine intellektuelle Erkenntnis, und Frau Rechtling ist noch unsicher, ob sie diesen Teil der neuen Rolle überhaupt füllen will und kann.

Herr Scheumann resümiert, dass der selbst betroffene Mensch «mal in Urlaub geschickt werden sollte», um dafür den Unternehmer und den Experten deutlich zu stärken. Er möchte für sich klären, wie er als vorsichtiger und feinfühliger Mensch gegenüber den eher kantigen und lauten Kollegen in der Logistik Akzeptanz und Autorität gewinnen kann.

Diskussion

Durch die umfassende Erarbeitung der Rollenanforderungen und -erwartungen entsteht ein tieferes Verständnis der Führungsrolle. Gleichzeitig entwickelt der Coachee die Kriterien für eine differenzierte Selbsteinschätzung, welche Anforderungen er schon erfüllen kann und was er noch entwickeln müsste.

Wenn der Coachee eine neue Führungsrolle übernimmt, stellen sich weitere, ganz praktische Fragen, auf die er im Coaching Antworten sucht, z. B.: Wie finde ich einen guten Einstieg? Wie gehe ich mit der Vielzahl der zum Teil gegenläufigen Erwartungen um? Wo finde ich Schlüsselpersonen? Wer kann mich unterstützen? Welche Rolle spielt mein Vorgänger? Wie gehe ich mit enttäuschten Mitbewerbern um? Wie gewinne ich die Skeptiker für die anstehenden Veränderungen?

Manche dieser Fragen lösen sich bei den nächsten Analyseschritten von selbst (vgl. Kapitel 1.2). Wir haben aber auch gute Erfahrungen damit gemacht, Führungskräften für die aktive Gestaltung der ersten 100 Tage begleitend zum Coaching eine Leseempfehlung zu geben, z. B. Fischer 1993/1998/2007. Dort wird detailreich und anschaulich beschrieben, wie ein Führungswechsel gut gelingen und in welche Fallen man auch bei besten Absichten tappen kann. Durch die Lektüre vorbereitet, können dann im Coaching jeweils die Themen gezielt und vertieft bearbeitet werden, bei denen sich der Coachee Unterstützung wünscht.

Wenn sich der Coachee einen generellen Überblick verschaffen möchte, welche Anforderungen mit der Führungsrolle verknüpft sein können und ein Prozess des schrittweisen Erarbeitens zeitlich nicht möglich ist oder nicht notwendig scheint, hilft auch eine kurze überblickartige Analyse der Führungskompetenzen per Checkliste. Sie bietet dem Coachee eine erste Orientierungshilfe und fördert ebenfalls die realistische Selbsteinschätzung: Entwicklungsbedarfe können erkannt werden, aber ebenso können erkannte «Schwächen» im Verbund mit den daneben vorhandenen Stärken gesehen und damit auch relativiert werden.

Selbsteinschätzung zu den Führungsanforderungen

Wie gut kann ich …	nicht gut					sehr gut
als Unternehmer Orientierung geben, z. B.:						
Unternehmensziele und strategische Entscheidungen vermitteln	❑	❑	❑	❑	❑	❑
Ziele, Produktivität und Nutzenausrichtung im Blick behalten	❑	❑	❑	❑	❑	❑
Über Kennzahlen steuern	❑	❑	❑	❑	❑	❑
Leistung über Zielvorgaben fordern und beurteilen	❑	❑	❑	❑	❑	❑
Markttrends und Mitbewerbersituation einbeziehen	❑	❑	❑	❑	❑	❑
als Experte Prozesse steuern und Qualität sichern, z. B.:						
Mitarbeiter vorausschauend/systematisch qualifizieren	❑	❑	❑	❑	❑	❑
Arbeitsabläufe und -prozesse effizient gestalten	❑	❑	❑	❑	❑	❑
Die Qualität der Kernprozesse/Dienstleistungen im Blick behalten	❑	❑	❑	❑	❑	❑
Bei schlechten Ergebnissen schnell und entschlossen reagieren	❑	❑	❑	❑	❑	❑
Aufgaben und Projekte systematisch bearbeiten/abschließen	❑	❑	❑	❑	❑	❑
als (Team-)Coach Entwicklung und Kooperation fördern, z. B.:						
Leistungspotenziale erfassen und Mitarbeiter fördern	❑	❑	❑	❑	❑	❑
Konstruktive Gespräche führen	❑	❑	❑	❑	❑	❑
Feedback- und Teamprozesse gestalten	❑	❑	❑	❑	❑	❑
Ressourcen betonen und zum Lernen ermutigen	❑	❑	❑	❑	❑	❑
Konflikte aufgreifen und klären	❑	❑	❑	❑	❑	❑

Wie gut kann ich … **als Persönlichkeit führen, z. B.:**	nicht gut					sehr gut
Glaubwürdig und authentisch auftreten (Vorbild sein)	❑	❑	❑	❑	❑	❑
Verantwortungsvoll mit Macht und Einfluss umgehen	❑	❑	❑	❑	❑	❑
Entscheidungen persönlich vertreten (Flagge zeigen)	❑	❑	❑	❑	❑	❑
Offene Situationen und Spannungen aushalten	❑	❑	❑	❑	❑	❑
Mich in Frage stellen und immer wieder dazulernen	❑	❑	❑	❑	❑	❑

1.2 Führungssituation analysieren

3 × 4 Perspektiven zur Analyse der Führungssituation (vgl. Fischer-Epe 1994 und 2002/2011)

Führungsfragestellungen im Coaching berühren in der Regel mehrere Themen gleichzeitig. Es ist ein bisschen wie beim Nudelnfischen aus dem Spaghettitopf: Es hängen oft mehr dran, als man sich eigentlich auf den Teller heben wollte.

Nicht nur beim Start in einer neuen Führungsrolle kann es

deshalb sinnvoll sein, den Coachee zu einer mehrperspektivischen Analyse der gesamten Führungssituation anzuregen, bevor man über geeignete Lösungsstrategien für eine bestimmte Fragestellung nachdenkt. Oft ist es gerade auch im laufenden Geschäft hilfreich, Abstand zu gewinnen und die eigene Führungssituation aus unterschiedlichen Blickwinkeln zu betrachten. Im Unterschied zu einem Boxenstopp, wo in Sekundenschnelle Reifen gewechselt werden müssen und der Fahrer schnellstmöglich ins Rennen zurückhetzt, würde man sich hier eher etwas Zeit nehmen für eine gründlichere Inspektion.

Wir fragen zunächst nach der **aktuellen Situation**, der **Vorgeschichte**, den relevanten **Rahmenbedingungen** und den persönlichen **Zielen** des Coachees. Wenn wir dann im Gespräch den Eindruck gewinnen, dass die Themenlandschaft komplexer ist, empfehlen wir dem Coachee eine systematische Analyse seiner gesamten Führungssituation.

Dafür nutzen wir ein Modell, mit dessen Hilfe man einen guten Überblick gewinnen kann über die Gesamtlandschaft der Themen und Anforderungen, um dann den passenden Fokus zur Bearbeitung einer Fragestellung zu finden. Dabei unterscheiden wir zwischen den drei Perspektiven **Person, Team und Unternehmen** und versuchen zu klären, wieweit sich die Fragestellung schwerpunktmäßig einer dieser Perspektiven zuordnen lässt oder ob alle drei Perspektiven gleichermaßen betroffen sind:

- Steht eine **persönliche Fragestellung** im Mittelpunkt und braucht der Coachee Hilfe bei der Entwicklung persönlicher Ziele und Lernstrategien, beim Verstehen, Verarbeiten und Überwinden innerer Konflikte oder Blockaden?

- Geht es um die Führung von Mitarbeitern oder **Teams** im eigenen Verantwortungsbereich, um die Interaktion mit und zwischen Mitarbeitern?
- Betrifft das Thema auch – oder vor allem – den erweiterten **Unternehmen**kontext, die Personal-, Organisations- oder Unternehmensentwicklung?

Daneben untersuchen wir mit dem Coachee genauer, welche Aspekte und **Kompetenzfelder** von Führung und Zusammenarbeit eigentlich mit der Fragestellung verbunden sind:

- **Fachlicher Auftrag und inhaltliche Arbeit** (Fach- und Feldkompetenz),
- **Organisation und Ablaufsteuerung** (Methodenkompetenz),
- **Kooperation** (soziale und personale Kompetenz),
- **Ziele und Strategien** (strategische Kompetenz).

Die drei Perspektiven Person, Team und Unternehmen sowie die vier Kompetenzfelder visualisieren wir als Matrix auf dem Flipchart oder an einer Metaplanwand.

Dann nutzen wir das Bild als Strukturierungshilfe bei der Analyse der Ressourcen, Entwicklungsthemen und Konflikte. Im Folgenden zeigen wir Ihnen exemplarisch jeweils einige Fragen, mit denen man die unterschiedlichen Felder der Matrix explorieren kann. Wir haben sie nach den Kompetenzen geordnet und beginnen für jede Kompetenz jeweils mit der Perspektive auf das Team bzw. den Verantwortungsbereich, den der Coachee direkt führt.

Fachlicher Auftrag und inhaltliche Arbeit (Fach- und Feldkompetenz)

Perspektive Team / Führungsbereich

- Wie ist die fachlich-inhaltliche Qualität der Arbeit?
- Wie hoch ist die Fachkompetenz der Mitarbeiter gemessen am Leistungsauftrag?
- Welche Ressourcen gibt es, wo ist Qualifizierungsbedarf?

Perspektive Unternehmen

- Wie hoch ist die Fachkompetenz, Produkt- und Dienstleistungsqualität im gesamten Unternehmen?
- Welches Ansehen / welche Akzeptanz genießt der Unternehmensbereich des Coachees?

Perspektive Person

- Was bringt die Führungskraft mit an Fachkompetenz und Erfahrung?
- Welches Ansehen / welche Akzeptanz genießt sie als Experte?
- Wieweit kann sie die fachlich-inhaltliche Arbeit der Mitarbeiter selbst beurteilen?

Organisation und Ablaufsteuerung (Methodenkompetenz)

Perspektive Team / Führungsbereich

- Wie sinnvoll sind Abläufe, Informationsfluss und Ergebniskontrolle im Team organisiert?
- Wie laufen Entscheidungsprozesse?
- Wie ist die Qualität von Prozess- und Projektmanagement?
- Wie effizient werden Sitzungen gestaltet und moderiert?

Perspektive Unternehmen

- Wie sinnvoll/effizient sind Aufbau und Ablauforganisation, Informationsfluss, Sitzungssysteme, Entscheidungsprozesse im Unternehmen organisiert?
- Welche methodische Unterstützung (Instrumente) bekommen die Führungskräfte für die Personal- und Organisationsentwicklung?

Perspektive Person

- Was bringt die Führungskraft selbst mit an Managementkompetenzen, Projekterfahrung, Organisationstalent, Moderationskompetenz?

Kooperation (soziale und personale Kompetenz)

Perspektive Team / Führungsbereich

- Wie motiviert, engagiert, verantwortungsvoll, kundenorientiert arbeitet das Team?
- Wie ist das Arbeitsklima? Wie werden Konflikte geregelt?
- Welche Spielregeln gibt es für die Kooperation?

Perspektive Unternehmen

- Wie ist das Klima / die Führungskultur im Unternehmen?
- Welche (heimlichen) Spielregeln gelten im Umgang mit Entscheidungen, Macht, Konflikten?
- Gibt es ein Unternehmensleitbild und Führungsgrundsätze? Und wie glaubwürdig werden sie gelebt?

Perspektive Person

- Wie motiviert / engagiert / verantwortungsvoll / kundenorientiert / konfliktfähig / belastbar arbeitet die Führungskraft?
- Welche Werte vermittelt sie / welches Klima verbreitet sie?
- Wofür ist sie Modell / wofür (noch) nicht?

Ziele und Strategien (strategische Kompetenz)

Perspektive Team / Führungsbereich

- Wie transparent sind den Mitarbeitern die Ziele und Strategien für das Team / diesen Bereich?
- Wieweit werden diese Ziele akzeptiert / mitgetragen?
- Wo gibt es Klärungsbedarf?

Perspektive Unternehmen

- Wie transparent sind die Ziele und Strategien des gesamten Unternehmens?
- Wieweit werden diese Ziele akzeptiert / mitgetragen?
- Wo gibt es Klärungsbedarf?

Perspektive Person

- Wie steht die Führungskraft selbst zu den Zielen und Strategien des Unternehmens?
- Wie steht sie zu den Zielen für den eigenen Verantwortungsbereich?

Durch die vertiefenden Nachfragen erweitert der Coachee Schritt für Schritt seine Perspektiven und erhält ein umfassenderes Bild seiner Führungssituation.

Frau Neumeier möchte vor allem die Zusammenarbeit im Team verbessern und erreichen, dass sie in der neuen Rolle akzeptiert wird und die Mitarbeiter sich mit ihr auseinandersetzen, statt sich beim Inhaber zu beschweren, wenn ihnen etwas nicht passt. Ihre Fragestellung liegt also zunächst auf der Teamperspektive. Sie hat bereits bei der Klärung der Rollenerwartungen (vgl. Kapitel 1.2) erkannt, dass sie das Team – ebenso wie die Abläufe und Prozesse – stärker auf die veränderten Unternehmensziele ausrichten muss. Außerdem fehlen im Team Fachkompetenzen für die veränderten Aufgaben, und es steht eine Rollenklärung mit dem Inhaber an, der sich aus der direkten Führung dieses Teams zurückgezogen hat, um sich stärker auf die Unternehmensentwicklung zu konzentrieren.

Der Inhaber hat sehr klare Zukunftsvorstellungen und im Team wohl auch schon einen Vortrag darüber gehalten, wohin die Reise gehen soll, aber offenbar ist davon bei den Mitarbeitern nicht viel hängengeblieben. Frau Neumeier selbst kennt – und schätzt! – die langfristigen Ziele des Inhabers und könnte sie auch im Team vertreten. Sie findet aber, dass das Sache des Inhabers sei, zumal sie ja gerade erst aus der Kollegenposition in die Führungsrolle gewechselt ist und sich nicht gleich unbeliebt machen will.

Der Coach notiert also als Ressource: Es gibt strategische Ziele für das Unternehmen! Und als Entwicklungsthema: Diese Ziele werden nur noch nicht sinnvoll kommuniziert, sodass sie in ihrer Bedeutung verstanden und akzeptiert werden können. Und als weiteres Entwicklungsthema: Es müsste geklärt werden, wer die Unternehmensziele dem Team sinnvoll vermitteln und wie das geschehen sollte. Der Inhaber neigt leider zum Rückzug und kommuniziert wenig über seine Absichten. Dazu wird als Ressource notiert: Die Beziehung von Frau Neumeier zum Inhaber ist sehr gut. Er schätzt ihre Fachkompetenz und ihr Engagement. Sie schätzt seinen Unternehmergeist und den partnerschaftlichen Kommunikationsstil usw.

Im Dialog über die Führungssituation von Frau Neumeier ergibt sich dann – etwas vereinfacht – folgendes Bild auf der Metaplanwand:

	 **Person**	 **Team**	 **Unternehmen**
Fachlicher Auftrag	↑ Führungs-erfahrung + Fachkompetenz + breite Ausbildung + unterschied-liche Branchen-erfahrung	↑ neues Fachwissen + AL = Experte + «altes» Fach-wissen	+ Image im Markt + Expertise + innovative Konzepte und Produkte
Organisation und Abläufe	↑ Moderation ↑ MA-Gespräche ↑ Beteiligungs-prozesse + persönliche Arbeits-organisation	↑ zielgerichtete Prozesse ↑ Besprechungen ↑ MA «mitneh-men» + Information	↑ Verantwortlich-keiten klären ↑ Schnittstellen ↑ Beteiligungs-prozesse + regelmäßige AL-Treffen mit Inhaber
Kooperation	↑ Konfliktbereit-schaft ↑ Standing + kooperativ + leistungsbereit + Verantwortung	↑ Rollenklärung AL ↑ Team-kooperation ↑ Arbeitsverteilung + gutes Klima + Vertrauen	↑ Transparenz und Kommunikation Inhaber + gute Kooperation AL – Inhaber
Ziele und Strategie	↑ unternehmerisch denken und handeln + Identifikation mit den Unter-nehmenszielen	↑ Akzeptanz der Unternehmens-ziele	↑ Akzeptanz der Unternehmens-ziele + anspruchsvolle Unternehmens-ziele

3 × 4 Perspektiven zur Analyse der Führungssituation von Frau Neumeier

Diskussion

Die Analyse mit der Matrix der 3 × 4 Perspektiven hilft dem Coachee, die unterschiedlichen Führungsfragen und -themen in ihrer Bedeutung und in ihrer wechselseitigen Beeinflussung besser einordnen zu können. Durch die Visualisierung auf einer Metaplanwand bekommen Coachee – und Coach! – einen Gesamteindruck sowohl von den Baustellen und Anforderungen als auch von den Stärken und Ressourcen des Coachees. Dieser Überblick kann im weiteren Coaching-Prozess als roter Faden für Zwischenbilanzen und Kurskorrekturen dienen.

Die Matrix sollte als Anregung verstanden werden. Sie kann helfen, einen verengten Blick wieder zu weiten und/oder Themen aufzuspüren, die möglicherweise noch gar nicht im Fokus des Coachees standen. Es geht aber nicht darum, stur alle Felder abzufragen. Manchmal reicht es schon, sich bewusst zu werden, welche Perspektiven und Kompetenzen von einer Fragestellung oder von einem Konflikt betroffen sind, um sinnvolle Lösungsideen zu finden.

1.3 Wie passt die Rolle zur Person?

Unabhängig davon, welches Führungsthema im Coaching behandelt wird, stößt man natürlich früher oder später auch auf die Frage: Wie passen die Rollenanforderungen eigentlich zur Person, und wie bekömmlich sind sie für den konkreten Menschen?

Die drei Coachees aus unseren Fallbeispielen müssen sich, neben der praktisch-methodischen Gestaltung der Führungsrolle, auch ganz persönlichen Entwicklungsaufgaben stellen:

Frau Neumeier wird Abschied nehmen müssen vom Bild der ausschließlich netten Kollegin, die vom Team bisher eher als Klassensprecherin akzeptiert war. Sie wird in der neuen Rolle auch Flagge zeigen und Konflikte wagen müssen.

Auch für **Frau Rechtling** bedeutet die Rolle, emotionales Neuland zu betreten. Wenn die Kooperation mit ihren HR-Referenten gelingen soll, wird sie sich einlassen müssen auf die konkreten Menschen und tiefer ins Detail einsteigen, als ihr bisher lieb war. Und sie wird die mitschwingende Entwertung gegenüber (leistungs)schwächeren Mitarbeitern und Kollegen überwinden müssen.

Und **Herr Scheumann**? Er hat endlich eine lange gewünschte Führungsposition gefunden, lehnt aber die raue Abteilungskultur, in die er nun geraten ist, eigentlich ab. Wenn er seine fachlichen Ideen erfolgreich umsetzen will, wird er sich auf diese Kultur einlassen müssen, die ihm fremd und etwas unheimlich ist. Für ihn wird es darum gehen, Standing zu zeigen, d. h., Selbstbewusstsein und Konfliktfähigkeit zu entwickeln, ohne seine persönlichen Werte zu verraten.

In allen drei Fällen müssten Coach und Coachee also herausfinden: Was ist durch das tiefere Verständnis der Rollen- und Führungsanforderungen relativ schnell lern- und lösbar? Was kann der Coachee durch rationale Einsicht einfach umsetzen, nachdem er die Situation besser verstanden und die Rollenanforderungen akzeptiert hat?

Und wo erfordert die Führungsrolle eine persönliche Veränderung, die vielleicht Unsicherheit oder sogar Widerstand auslöst und nicht mehr so einfach umzusetzen ist?

Wenn die Rollenanforderungen den Coachee an eine persönliche Grenze oder in ein schwer zu lösendes Dilemma bringen, fokussieren wir die Aufmerksamkeit auf drei Fragen:

Wie passen die Anforderungen der Führungsrolle

- zu den persönlichen **Motiven und Bedürfnissen**?
- zu den persönlichen **Einstellungen und Überzeugungen**?
- zur aktuellen **Lebenssituation** und dem persönlichen **Lebensentwurf**?

Motive und Bedürfnisse

Wenn der Coachee mit einem in der Rolle geforderten Verhalten hadert oder sich nicht zutraut, dieses Verhalten zu lernen, lohnt ein grundsätzlicher Blick auf die persönliche Motivation und die zugrundeliegenden Bedürfnisse. Bedürfnisse sind die Grundbausteine jeder Motivation, sie bestimmen maßgeblich das eigene Erleben und Verhalten. In einem Wechselspiel von Anlage und persönlichen Erfahrungen entwickelt sich im Laufe des Lebens bei jedem Menschen eine ganz individuelle Bedürfnisstruktur. Wenn Menschen dann über längere Zeit Situationen und Anforderungen ausgesetzt sind, die ihren grundlegenden Bedürfnissen zuwiderlaufen, entstehen oft Demotivation, Missmut, Widerstand, Zweifel etc.

Um die Bedürfnisstruktur des Coachees zu erfassen, unterscheiden wir zunächst acht grundlegende Motive/Bedürfnisse (vgl. Fischer-Epe, 2007):

- Physiologische Grundbedürfnisse,
- das Bedürfnis nach Beziehung und Verbundenheit,
- das Bedürfnis nach Autonomie,
- das Bedürfnis nach Sicherheit,
- das Bedürfnis nach Erkundung,
- das Bedürfnis nach Anerkennung und Selbstwerterleben,
- das Bedürfnis nach Dominanz und Höherstellung und
- das Bedürfnis nach Sinn und Wertkongruenz des eigenen Handelns.

In der Literatur werden Bedürfnisse nicht einheitlich beschrieben. Manche Autoren unterscheiden nur vier Bedürfnisse (z. B. Riemann 1979 oder Grawe 1998), andere beschreiben sogar sechzehn (z. B. Reiss 2000). Der Unterschied besteht vor allem im Abstraktionsgrad: Je weniger Kategorien, desto abstrakter – je mehr, desto anschaulicher wird es. Wir haben uns für die acht oben genannten Bedürfnisse entschieden, weil sich damit persönliche Handlungsmotive in den meisten Fällen gut erklären lassen.

Physiologische Grundbedürfnisse

Die physiologischen Grundbedürfnisse (Essen, Trinken, Schlafen und Sexualität) sichern unser Überleben. Alle Menschen – und einige besonders – brauchen eine gute Balance von Arbeit und Freizeit, Konzentration und Entspannung. Führungskräfte sollten sich also bewusst machen, welche zeitlichen und mentalen Belastungen mit der Rolle verbunden sind und inwieweit diese Anforderungen zu ihren physiologischen Bedürfnissen passen. Wer z. B. regelmäßig längere Rückzugs- und Ruhephasen braucht, um sich wohl zu fühlen und gesund und leistungsfähig zu bleiben, wird vermutlich nicht froh, wenn die Rolle permanente Präsenz mit überlangen Arbeitstagen oder eine ständige Reisetätigkeit erfordert.

Beziehung und Verbundenheit

Alle Menschen – und einige besonders – haben ein Bedürfnis nach Nähe und Beziehungen, freundlichem Kontakt, persönlichem Interesse und dem Rückhalt in einer Gemeinschaft. Menschen mit ausgeprägtem Nähebedürfnis leiden unter Ausgrenzung, Isolation, dem Verlust von Zugehörigkeit und jeder Form von Konflikten.

Autonomie

Menschen mit einem ausgeprägten Bedürfnis nach Autonomie wünschen sich Freiheit und Selbstbestimmung, Unabhängigkeit, Eigenverantwortlichkeit, abgegrenzte Aufgabenbereiche und Entscheidungsspielräume. Sie leiden unter jeder Form von Bevormundung, Kontrolle und Unfreiheit.

Sicherheit

Menschen mit einem ausgeprägten Bedürfnis nach Sicherheit brauchen Ordnung und Struktur. Sie wollen wissen, was läuft, woran sie sind und was auf sie zukommt. Sie schätzen gut eingespielte Routinen und leiden unter neuen, unüberschaubaren

Anforderungen, Ungenauigkeiten, Strukturlosigkeit – letztlich unter jeglicher Veränderung.

Erkundung

Menschen mit einem ausgeprägten Bedürfnis nach Erkundung lieben Veränderungen und Herausforderungen. Neue Kollegen, neue Projekte, einen Firmenwechsel, einen Auslandsaufenthalt oder eine Umstrukturierung erleben sie als willkommene Bereicherung. Sie improvisieren gern und leiden unter starren Regeln und Strukturen und jeder Form von Routine, die ihre Freiheit und Kreativität einschränken bzw. behindern.

Anerkennung und Selbstwerterleben

Alle Menschen wünschen sich ein gewisses Maß an Beachtung und Anerkennung. Menschen mit einem ausgeprägten Bedürfnis nach Anerkennung brauchen besonders viel Wertschätzung und Bestätigung ihrer Leistung und ihrer Person. Sie leiden, wenn sie nicht beachtet werden oder kritisiert werden.

Wie wichtig Anerkennung und Ermutigung für Motivation und Leistungsbereitschaft sind, wird leicht unterschätzt.

Dominanz und Höherstellung

Alle Menschen wünschen sich eine angemessene Position im sozialen Gefüge. Menschen mit einem ausgeprägten Bedürfnis nach Dominanz und Höherstellung brauchen die Hervorhebung ihrer Rolle, Person und Leistung. Sie leiden, wenn die eigene Bedeutung, ihr Status oder ihre Position geschwächt ist. Und sie sind motiviert, wenn ihr Status und Prestige sichtbar aufgewertet sind. Manchmal mischt sich das Bedürfnis nach Dominanz und Höherstellung mit dem Bedürfnis nach Anerkennung und Selbstwerterleben.

Sinn und Wertkongruenz

Menschen wollen einen Sinn im eigenen Tun erkennen und sich damit identifizieren können. Das Bedürfnis nach Sinn und Wertkongruenz wird immer dann befriedigt, wenn das, was wir tun, mit unseren Werten übereinstimmt. Wenn diese Wertkongruenz nicht erreicht wird, entsteht einer der größten Motivationsräuber. Führungskräfte, die etwas vermitteln sollen, woran sie nicht glauben oder was sie nicht gutheißen können, geraten in Konflikte und verlieren meist nachhaltig an Motivation.

Die acht Bedürfnisse werden am Flipchart notiert, und der Coachee kann sie dann z. B. nach ihrer persönlichen Bedeutung in eine Rangfolge bringen oder auf einer Zehnerskala bewerten, so dass ein persönliches Bedürfnisprofil entsteht (vgl. Fischer-Epe 2004/2007, S. 97 f.).

Das persönliche Bedürfnisprofil
von Frau Neumeier

Nach dieser Selbsteinschätzung fragen wir den Coachee, wieweit die aktuelle Führungssituation bzw. die maßgeblichen Rollenanforderungen zu seiner individuellen Bedürfnisstruktur passen:

- Welche Bedürfnisse werden – wodurch – in der aktuellen (oder angestrebten) Arbeitssituation befriedigt?
- Was steht den eigenen Bedürfnissen entgegen?
- Welche wichtigen Wünsche und Bedürfnisse bleiben möglicherweise dauerhaft unerfüllt?

Frau Neumeier weiß, dass sie es in der neuen Rolle nicht allen recht machen kann und dass man von ihr auch erwartet, Unternehmensentscheidungen zu vertreten, die nicht jedem schmecken. Bei der Reflexion ihres Bedürfnisprofils erkennt sie, dass ihr starkes Bedürfnis nach Beziehung und Verbundenheit ebenso wie ihr relativ stark ausgeprägtes Bedürfnis nach Anerkennung sie daran hindern, auch mal klare Ansagen zu machen oder unliebsame Entscheidungen zu treffen. Ihr wenig ausgeprägtes Dominanzbedürfnis trägt ebenfalls dazu bei, eher «faule» Kompromisse einzugehen als einen Konflikt zu riskieren.

Andererseits erfüllt die neue Führungsposition aber auch zwei ausgeprägte Bedürfnisse. Sie möchte «raus aus dem Trott und mal was Neues machen» (Bedürfnis nach Erkundung). Sie sieht in den neuen Zielen für die Abteilung große Chancen und möchte dazu beitragen, dass diese Chancen wirklich genutzt werden (Bedürfnis nach Sinn und Wertkongruenz).

Im Unterschied zu Frau Neumeier hat **Frau Rechtling** ein ausgeprägtes Bedürfnis nach Freiheit und Selbstbestimmung, nach Erkundung sowie nach Dominanz und Höherstellung. Sie hat sich von der Führungsrolle vor allem größere Entscheidungsfreiräume und eine bessere Position im Unternehmen versprochen. Während ihre Mitarbeiter sich viel Kontakt wünschen, ist ihr Bedürfnis nach Beziehungen und Verbundenheit nur sehr gering ausgeprägt. Gleichzeitig ist sie ein Arbeitstier. Im Unterschied zu ihren meist älteren Mitarbeitern braucht sie wenig Schlaf und Erholungspausen, legt keinen Wert auf regelmäßige Mahlzeiten etc. Damit verstärkt sie aber den ohnehin vermittelten Leistungsdruck. Sie muss also in mehrfacher Hinsicht lernen, über ihren Schatten zu springen, wenn sie ihre Mitarbeiter erreichen will.

Gibt es bei der Analyse der Bedürfnisse allzu große Diskrepanzen, sollte der Coachee bewusst bewerten und entscheiden, wie er damit umgehen möchte: Will er trotz der gefundenen Unstimmigkeit antreten und die Rolle übernehmen? Auch wenn die Antwort auf diese Frage in der Regel positiv ausfällt, scheint es uns wichtig, sie zu stellen: Auf diese Weise entscheidet sich der Coachee bewusst und übernimmt Verantwortung für seinen – möglicherweise schwierigen – Lernprozess.

Manchmal hilft die Analyse der Motive und Bedürfnisse aber auch dabei, sich bewusst gegen eine Rolle oder Aufgabe zu entscheiden:

Eine andere Coachee, **Frau Brandt**, wird von ihrem Chef gedrängt, ein neu zusammengestelltes Team von Programmierern zu übernehmen und zu führen. Sie ist als Fachexpertin bei allen akzeptiert, hat jedoch starke Bedenken, ob sie für die Führung des Teams geeignet ist und ob sie diese Rolle überhaupt einnehmen möchte.

Im Coaching klärt sie für sich, dass sie die Rolle zunächst für ein Jahr übernimmt unter der Bedingung, dass sie nach diesem Jahr entscheiden kann, ob sie Spaß an der Führungsarbeit hat und weitermachen möchte. Ihr Chef ist einverstanden, weil er annimmt, dass sie sicher weitermachen wird.

Frau Brandt lässt sich in weiten Abständen durch das Coaching begleiten und macht ihre Sache nach außen hin erstaunlich gut. Nach Ablauf des Probejahres entscheidet sie sich – auch nach der Reflexion ihrer grundlegenden Bedürfnisse – ganz bewusst, die Führung wieder abzugeben. Sie vermisst ihre fachlichen Aufgaben und empfindet den Kommunikationsanteil in der Führungsrolle als sehr anstrengend (Distanz). Sie verspürt keinerlei Bedürfnis nach Macht, Dominanz oder Höherstellung und braucht auch keine besondere Anerkennung. Sie wünscht sich mehr Freiraum für die inhaltliche Arbeit, die sie per se als sinnstiftend erlebt.

Diskussion

Die eigenen Motive und Bedürfnisse in ihrer Bedeutung zu verstehen stärkt in der Regel die Selbstakzeptanz des Coachees – unabhängig davon, welche persönlichen Konsequenzen er aus den Erkenntnissen zieht. Die Reflexion hilft in jedem Fall, sich bewusst für einen Weg zu entscheiden und die Verantwortung für das eigene Handeln zu übernehmen.

Bedürfnis	Kann im Arbeitsalltag befriedigt werden durch ...
Physiologische Grundbedürfnisse	• Arbeitszeiten und Anforderungen, die die Leistungsgrenze nicht übersteigen • physiologisch sinnvolle Pausen, Rhythmus von Konzentration und Entspannung • ergonomische Arbeitsmittel • fairen Umgang mit Krankheit • gesundes Essen, Bewegungs- und Sportangebote
Beziehung und Verbundenheit	• Teamarbeit, Teamsitzungen, Teamtage • Zwischenbilanzen zur Zusammenarbeit • fairen und offenen Umgang mit Konflikten • informellen Austausch: Kaffeeecke, Geburtstage, Jubiläen, Ausflüge • Einzelgespräche (nicht nur über Sachthemen und Leistung)
Freiheit und Selbstbestimmung	• Freiräume • Führen über Zielvereinbarungen (keine Detailkontrolle) • Einzelbonus • abgegrenzte Aufgaben mit eigenem Verantwortungsbereich • Spezialisierungen

Bedürfnis	Kann im Arbeitsalltag befriedigt werden durch ...
Sicherheit	• klare Ziele, Aufgaben, Vereinbarungen und Spielregeln • klare Ablaufstrukturen • Transparenz und Information • Stellenbeschreibungen • sicheres Unternehmen, sichere Position, Betriebsrenten
Erkundung	• Job-Rotation • neue Aufgaben • neueste Technologie • Weiterbildung • Reisen, Auslandsaufenthalte • Projektarbeit
Anerkennung und Selbstwerterleben	• Wertschätzung und Lob • Übertragung von Verantwortung, Vertrauen • gegenseitige Aufmerksamkeit, Feedback • Beteiligung an Veränderungsprozessen • Präsentations- und Repräsentationsaufgaben • Statussymbole (Firmenwagen, Büro, Einrichtung)
Dominanz und Höherstellung	• Leistungsaufgaben • Verantwortung und Entscheidungsbefugnisse • materielle Ressourcen • Sanktionsmöglichkeiten • Statussymbole (Firmenwagen, Büro, Einrichtung) • Steuerung / Beteiligung bei Veränderungsprozessen
Sinn und Wertkongruenz	• Information und Absprache über langfristige Ziele und Strategien • gemeinsam entwickelte Zukunftsentwürfe • Diskussionen, Kritik und offene Infragestellungen • wertorientiertes Verhalten, Einhalten von Spielregeln • gelebtes Wertesystem (Unternehmenskultur)

Wie werden die Bedürfnisse im Arbeitsleben beantwortet?
(vgl. Fischer-Epe 2007, S. 63 f.)

Einstellungen und Überzeugungen

Manchmal sind es auch bestimmte Einstellungen bzw. festsitzende persönliche Überzeugungen, die Führungskräfte in Konflikt mit ihrer Rolle bringen.

Herr Scheumann möchte sich mit seiner Fachkompetenz besser durchsetzen und lernen, Konflikte auszutragen. Bei der Reflexion seiner Motive und Bedürfnisse hat er verstanden, dass ihm dabei vor allem sein starkes Bedürfnis nach Beziehung und Verbundenheit im Weg ist: Er möchte immer und unbedingt in Harmonie und Verbundenheit mit anderen Menschen (Mitarbeitern) leben. Dieses Bedürfnis ist bei ihm so stark ausgeprägt, dass daraus die feste innere Überzeugung entstanden ist, Konflikte müssten um jeden Preis vermieden werden. Mit dieser Haltung kommt er aber in seiner neuen Führungssituation überhaupt nicht weiter. Herr Scheumann versteht rational, dass er bei den alten Haudegen in seiner Abteilung nur Akzeptanz gewinnen wird, wenn er neben seiner Freundlichkeit und Verbindlichkeit auch Rückrat zeigt und die Spannungen und Konflikte aktiv aufgreift und klärt. In den kritischen Situationen schafft er es dann aber nicht, auch mal Klartext zu reden.

Wenn Reflexion und rationale Einsicht nicht ausreichen, um eine hinderliche Einstellung oder Überzeugung zu überwinden, lassen wir den Coachee diese in einem möglichst einfach formulierten Leitsatz auf den Punkt bringen.

Herr Scheumann findet für sich den Satz: «Konflikte sind Gift für Motivation und Erfolg, und sie zerstören Beziehungen.»

Der Leitsatz wird am Flipchart notiert. Dann ermutigen wir den Coachee, die darin ausgedrückte Überzeugung aus unterschiedlichen Perspektiven genauer zu untersuchen.

Es beginnt mit einem Blick auf die **Ressourcen**:

- Welcher **positive Kern** steckt in dieser Überzeugung?
- Welche **Fähigkeiten** muss jemand haben, der nach dieser Überzeugung lebt?

Herr Scheumann beschreibt daraufhin nicht ohne Stolz, dass er die Fähigkeit besitzt, Kontakt aufzubauen und mit seinen Mitmenschen wertschätzend, freundlich und humorvoll umzugehen. Es gelingt ihm, gute Stimmung in einer Gruppe zu verbreiten. Er pflegt seine Kontakte und Beziehungen und hat sich dadurch beruflich und privat ein gutes Netzwerk aufgebaut.

Wenn es gelungen ist, in der hinderlichen Überzeugung einen positiven Kern zu finden, wechselt die Perspektive, und der Coach fragt nach dem **Gegenteil**:

- Wie würde sich jemand verhalten, der vom Gegenteil überzeugt ist?

Herrn Scheumann fällt dieser Perspektivwechsel zunächst etwas schwer. Da er sich jetzt auf emotionalem Neuland befindet, wird er vom Coach immer wieder durch Nachfragen ermuntert, sich auf die ungewohnte Perspektive einzulassen. Nach Überwindung seines anfänglichen Unbehagens beschreibt er: «Wer vom Gegenteil überzeugt ist, wäre direkt und klar im Umgang mit anderen. Der würde einfach sagen, wie es ist. Der würde mutig und entschieden den Finger in die Wunde legen und keine Angst haben vor zerschlagenem Porzellan. Wenn ihm etwas nicht passt, würde er es direkt und offen ansprechen.»

Einstellungen ändern (vgl. Fischer-Epe, Epe 2007, S. 85 f.)

Wenn der Perspektivwechsel eingeleitet ist, kann der Coach dem Coachee helfen, konkreter zu werden:

- Und wie würde diese Person als Abteilungsleiter mit Ihrer Gruppe von Haudegen umgehen/Konflikt xy angehen?

Herr Scheumann wird daraufhin ziemlich genau: «Der würde die Sitzungen verkürzen, eine strengere Tagesordnung einführen,

Spielregeln setzen und sie laut und energisch einfordern. Der würde klar und deutlich Stellung nehmen und seine Erwartungen adressieren etc.»

Wenn es dem Coachee gelungen ist, das Gegenteil seiner Überzeugung zu betrachten und ein alternatives Verhalten durchzuspielen, wechselt der Coach zur nächsten Perspektive und fragt nach den **Auswirkungen**:

- Was bewirkt Ihre Überzeugung, unabhängig davon, ob Sie es selbst wollen oder nicht?
- Welche Auswirkungen hat diese Überzeugung auf Sie selbst und auf andere?
- Was ist der **Gewinn**? Was ist der **Preis**?
- Welche weiteren Auswirkungen könnte sie noch haben?

Herr Scheumann erzählt daraufhin, dass er als Folge seiner Überzeugung mit allen gut klarkommt und seine Ziele bisher immer auf partnerschaftliche Art und Weise erreicht hat. Auf der anderen Seite realisiert er aber auch den Preis, den er dafür bezahlt. Kritik und Konflikte bleiben unter dem Teppich und zehren Energie. Die Missstimmung hängt ihm nach jeder Sitzung lange nach. Außerdem können sich manche Mitarbeiter bequem zurückziehen, weil er sie nicht mit konkreten Anforderungen konfrontiert, sondern seine Erwartungen nur freundlich und vage ausdrückt. Er ist überzeugt, dass das Team eigentlich viel leistungsfähiger sein könnte, von ihm selbst ganz zu schweigen.

Wenn der Coachee die Auswirkungen seiner Überzeugung erfasst hat, fragt der Coach nach der Bedeutung, den diese Überzeugung für sein bisheriges Leben hatte. Es geht also um eine **Würdigung** im größeren Lebenszusammenhang:

- Wofür war diese Überzeugung bisher hilfreich?
- Wovor hat Sie diese Überzeugung bisher in Ihrem Leben bewahrt?
- Wofür könnten Sie ihr dankbar sein?

Meist bewirkt dieser Perspektivwechsel durch den Blick zurück auf das gesamte bisherige Leben eine persönliche Vertiefung.

Herr Scheumann erinnert sich, als Kind und Jugendlicher nie offene Konflikte erlebt zu haben. Doch obwohl bei ihm zu Hause nicht gestritten worden ist, waren die starken Spannungen und Konflikte zwischen seinen Eltern und den im gleichen Haus lebenden Großeltern für ihn immer spürbar. Er war bemüht, gute Laune zu verbreiten und wie ein Postbote zwischen den Erwachsenen zu vermitteln. Herr Scheumann kommt zu dem Ergebnis, dass sein Bemühen um Harmonie in seiner Familie maßgeblich zu einem erträglichen Miteinander beigetragen hat. Auch später sei er mit dieser Haltung immer gut durchs Leben gekommen und habe, im Gegensatz zu vielen seiner Freunde, selber nie ein schlimmeres Zerwürfnis erlebt. Er habe eine harmonische Beziehung zu seiner Frau und seinen Kindern, sei eigentlich immer bei allen beliebt gewesen und mittlerweile immerhin Abteilungsleiter geworden, ohne dabei in Konflikte zu geraten.

Durch den würdigenden Blick zurück ist der Boden für den nächsten Schritt bereitet. Jetzt geht es darum zu überprüfen, ob die Überzeugung, die einem früher möglicherweise gute Dienste geleistet hat, in der aktuellen Situation noch sinnvoll und angemessen ist – und ob man sie allmählich etwas lockern oder womöglich ganz aufgeben kann. Der Coach regt also dazu an, sich eine **Veränderung** vorzustellen:

- Angenommen, Sie könnten diese Überzeugung verändern oder loslassen, was wäre dann anders in Ihrem Leben?
- Wie würden Sie dann denken / fühlen / sich verhalten?
- Was hätten Sie gewonnen, und was wäre der Preis?

Um sich auf diese Gedanken einzulassen, braucht der Coachee wieder etwas Zeit und vielleicht auch ermunternde Nachfragen, so dass er die Vorstellung ausschmücken und dabei eigene Lösungsideen entwickeln kann. Herr Scheumann stellt sich vor, wie er dann selbst aktiv die kritischen Themen auf die Tagesordnung bringt, Teamspielregeln durchsetzt, Respektlosigkeit nicht durchgehen lässt und sich klarer positioniert, ohne dabei entwertend oder unhöflich zu werden. Der Gewinn wäre vermutlich eine größere Akzeptanz bei den Mitarbeitern und bessere Ergebnisse der Abteilung. Der Preis könnte allerdings sein, dass sich manche Mitarbeiter auf den Schlips getreten fühlen, sich zurückziehen und ihn nicht mehr so nett finden. Außerdem müsste er sich viel intensiver auf Sitzungen und Gespräche vorbereiten und mit der Unsicherheit umgehen, die zwangsläufig aufkommt, wenn man sich auf neues Terrain begibt.

Wenn es dem Coachee gelungen ist, sich eine Veränderung vorzustellen und dabei konkrete Lösungsideen für das eigene Verhalten zu entwickeln, werden die Erkenntnisse aus den verschiedenen Schritten noch einmal zusammengefasst:

- Welche Perspektive war neu oder wichtig für Sie?
- Wenn Sie jetzt noch mal zurückschauen auf Ihren Leitsatz zu Beginn – was möchten Sie beibehalten / was möchten Sie neu formulieren?
- Wie sollte (könnte?) ein persönlicher Leitsatz heißen, der heute besser zu Ihnen und Ihrer Lebens- und Arbeitssituation passt?

Für Herrn Scheumann waren die Würdigung und das Ausmalen der Veränderung am wichtigsten. Er hat verstanden, dass sein Harmoniestreben und seine Scheu vor Konflikten früher sinnvoll und nützlich für ihn waren, heute aber nicht mehr passen – und auch nicht mehr nötig sind. Geholfen hat ihm auch die Vorstellung, wie er kritische Themen aufgreifen und Klartext reden kann, ohne unhöflich und entwertend zu werden, wie er das manchmal bei seinen Mitarbeitern erlebt.

Als neuen Leitsatz formuliert er: «Offene Kritik und Konflikte können helfen, besser zu werden, wenn sie wertschätzend formuliert sind.»

Ein angepasster, aktualisierter persönlicher Leitsatz kann zur neuen Maxime für den Führungsalltag des Coachees werden.

Diskussion

Durch den Wechsel der Perspektiven gewinnt der Coachee Distanz und kann seinen Veränderungswiderstand besser verstehen und akzeptieren. Gleichzeitig können bereits konkrete

Lösungsideen entstehen. Damit ist zumindest ein erster Schritt getan.

Wenn die Veränderung nachhaltig gelingen soll, ist aber in der Regel noch viel wiederholende Übung notwendig, z. B. durch konkrete Vorbereitung und Auswertung schwieriger Gespräche und Sitzungen.

Aktuelle Lebenssituation und persönlicher Lebensentwurf

Manchmal passen die Anforderungen einer Führungsrolle nicht oder nicht mehr zur aktuellen Lebenssituation bzw. dem persönlichen Lebensentwurf. Vielleicht erfordert die Rolle einen Ortswechsel oder Arbeitszeiten, die sich mit der aktuellen Familiensituation oder der eigenen Gesundheit nicht vertragen. Oder man kann der Verantwortung einer Führungsrolle nicht mehr gerecht werden, weil man sich stärker um einen kranken Partner oder alte Eltern kümmern will.

Wenn die Rollenanforderungen den Coachee an eine persönliche Grenze oder in ein schwer zu lösendes Dilemma bringen, weil ganze Lebensbereiche in Gefahr oder Dysbalance geraten, empfehlen wir eine gründlichere Standortbestimmung über die gesamte Lebenssituation sowie einen Zukunftsentwurf.

Für solche Standortbestimmungen nutzen wir das Bild vom «Haus des Lebens». Es ist angeregt von dem Modell «Säulen der Identität» aus der integrativen Therapie (vgl. Heinl, Petzold 1985, S. 178 ff.).

Wir haben das Haus für unseren Zweck etwas ausgebaut und stellen es dem Coachee ungefähr so vor (vgl. Fischer-Epe und Epe 2004/2012, S. 68 ff.):

Bei persönlichen Entscheidungen und wichtigen Veränderungen sollte man die gesamte Lebenssituation im Blick behalten. Dabei hilft Ihnen vielleicht das Bild von einem Haus mit verschiedenen Räumen, die unterschiedliche Lebensbereiche repräsentieren wie Arbeit, Freizeit, Beziehungen, Gesundheit, Wohnen und Finanzen oder was in Ihrem Leben noch besonders wichtig für Sie ist. Das Fundament dieses Hauses symbolisiert Ihre aktuelle Lebenssituation, und das Dach steht für die langfristigen Ziele und Werte, die Ihr Handeln lenken sollen. Zunächst schauen wir auf Ihre heutige Lebenssituation:

- Worauf können Sie bauen? Was haben Sie zur Verfügung?
- Was läuft gerade richtig gut? Woraus gewinnen Sie Kraft und Energie?
- Wo gibt es zurzeit Baustellen und Belastungen? Was kostet Kraft? Wo sind Energieräuber?
- Was kommt zu kurz?

Standortbestimmung mit dem «Haus des Lebens» (vgl. Fischer-Epe, 2007)

Neben der mündlichen Beschreibung seiner Situation kann der Coachee das Haus auch bildlich darstellen. Wenn die Lebenssituation erfasst ist, folgt ein Zukunftsentwurf aus einer weiter angelegten Perspektive, der ebenfalls auf alle Lebensbereiche eingeht und dabei die persönlichen Werte und die langfristigen Ziele des Coachees in den Mittelpunkt stellt:

Wenn Sie jetzt vom Dach aus auf die unterschiedlichen Lebensbereiche (Zimmer) schauen, können Sie sich z. B. fragen:

- Wie soll Ihr Leben langfristig aussehen? Was wollen Sie langfristig erreichen?
- Was ist Ihnen wirklich wichtig? Wofür wollen Sie sich einsetzen?
- Was gibt Ihrem Leben Sinn?
- Welche Werte sollen Ihr Handeln leiten?
- Worauf möchten Sie später (zum Ende Ihres Lebens hin) stolz sein?

Herr Kaiser ist Abteilungsleiter im Controlling bei einem namhaften internationalen Konzern. Er ist ehrgeizig und hat ein starkes Bedürfnis, sich zu profilieren. Am liebsten arbeitet er sachorientiert. Werte wie Fairness und Verbindlichkeit sind ihm besonders wichtig. Er beschreibt sich privat als ausgeprägten Familienmenschen. Er hat sich schon einige Jahre im Ausland erfolgreich für den Konzern engagiert, um sich längerfristig für eine Position in der Geschäftsführung zu empfehlen. Man signalisiert ihm aber, dass er für eine weitere Karriere in der Unternehmenszentrale viel offener und kontaktfreudiger werden müsse, und bietet ihm nur eine weitere Führungstätigkeit im Ausland an. Die Unternehmenskultur ist eher hemdsärmelig und extrovertiert. Herr Kaiser steckt also im Dilemma: Er schafft es nicht, sich diesem Beziehungsstil anzupassen, weil er ihn eigentlich ablehnt. Gleichzeitig will er unbedingt im Konzern aufsteigen. Er möchte im Coaching lernen, sich extrovertierter zu verhalten.

Auf die Frage des Coachs, warum er sich denn gerade diesen

Konzern gesucht habe, antwortet Herr Kaiser, ohne zu zögern: Weil es in dieser Branche der größte ist!

Auf weitere Nachfragen des Coachs stellt sich dann heraus, dass dort die Gehälter besonders hoch sind und ein Wechsel zu einem anderen Unternehmen einen finanziellen Abstieg bedeuten würde. Beim Erzählen wirkt Herr Kaiser zunehmend müde und lässt durchblicken, dass er sich sein Leben eigentlich anders vorgestellt hatte.

Da hier offensichtlich mehrere Lebensbereiche betroffen sind, nutzt der Coach nun das Bild vom Haus des Lebens und schlägt Herrn Kaiser eine gründlichere Standortbestimmung und einen Zukunftsentwurf vor.

Beim Abgleich seiner Lebenssituation und seiner Zukunftswünsche wird Herrn Kaiser erschreckend klar, wie weit er sich bereits von einem Leben entfernt hat, das er sich eigentlich wünscht: Frau und Kinder kommen mit den Auslandsaufenthalten zunehmend schlechter zurecht. Er selbst leidet unter den ständigen Flugreisen und Abwesenheiten, seine knapp bemessene Freizeit braucht er, um seine Fitness zu erhalten. Für Intimität mit seiner Frau, Spiele mit den Kindern, Kontakt zu Freunden oder echte Muße bleibt keinerlei Zeit. Alle sehnen sich eigentlich nach einem dauerhaften Zuhause.

Aus einer fernen Zukunft betrachtet, möchte Herr Kaiser stolz sein, etwas Sinnvolles geleistet und für sich und seine Familie ein stabiles Zuhause geschaffen zu haben. Er möchte gesund alt werden und zufrieden zurückschauen. Geld und Position scheinen aus dieser Perspektive weniger wichtig. Viel wichtiger scheint ihm, sich nicht verbiegen zu müssen und für seine Leistung Anerkennung zu erfahren.

Herr Kaiser begreift, dass es für ihn nicht darum gehen kann, extrovertierter zu werden. Ein halbes Jahr später wird er Geschäftsführer eines mittelständischen Unternehmens. Die Position ist etwas schlechter bezahlt, auf internationales Flair und Statussymbole muss Herr Kaiser hier verzichten. Die Unternehmenskultur ist sachlich, verbindlich und respektvoll, man schätzt seine Expertise und seinen Arbeitsstil. Die Familie hat ein Zuhause gefunden, wo sie bleiben kann. Das ist zwar alles noch kein Garant für Glück und inneren Frieden, aber er hat ein Unternehmensumfeld gefunden, das besser zu seiner Lebenssituation und zu seinen Werten passt. In der neuen Unternehmenskultur kann er seiner Führungsrolle und gleichzeitig auch sich selbst eher gerecht werden. Er findet für sich das Bild vom «König mit kleinerem Königreich».

Diskussion

Je verfahrener die Situation, desto wichtiger der Perspektivwechsel. Der Blick über alle Lebensbereiche hilft dem Coachee, Abstand zu gewinnen und sich gleichzeitig auch Lebensbereiche ins Gedächtnis zu rufen, die ins Abseits oder in Vergessenheit geraten sind. Der Coachee wird sich seiner Ressourcen bewusst – aber auch der existenziellen Bedeutung seiner Fragen und Probleme.

Durch den Blick zurück aus einer fernen Zukunft rückt dann manche Frage, die aktuell drängend ist, in den Hintergrund, und der Kopf wird frei für die langfristigen Wünsche und Lebensziele.

Mit dem Modell vom Haus des Lebens versuchen wir, die

vielen unterschiedlichen Perspektiven in einem Bild zusammenzufassen. Das Bild soll anregen und gleichzeitig strukturieren helfen. Der Coach sollte mit diesem Modell flexibel umgehen: Manchmal muss das Haus erweitert oder umgebaut werden, weil der Coachee weitere bzw. andere Lebensbereiche für sein Leben wichtig findet.

2. Orientierung geben – strategische Ausrichtung schaffen

Zu den zentralen Aufgaben von Führungskräften gehört es, längerfristige Vorstellungen und Strategien zur Entwicklung des Unternehmens bzw. des eigenen Verantwortungsbereichs im Unternehmen zu entwerfen: Was können wir heute und in Zukunft zur Erreichung der Unternehmensziele beitragen? Wie müssen wir uns für die Zukunft aufstellen? Welche Produkte, Dienstleistungen, Lösungen können wir anbieten? Auf welche Herausforderungen müssen wir uns einstellen?

Um Mitarbeitern eine grundsätzliche Orientierung zu geben und im Führungsalltag auch bei Schwierigkeiten und Widerständen Kurs zu halten, müssen Entscheidungen und Prioritäten jederzeit aus den längerfristigen Zielen und Strategien des Unternehmens heraus begründbar sein. Strategische Ausrichtung ist ein fortlaufender Prozess – ganz im Sinne einer kontinuierlichen Verbesserung –, für den Führungskräfte eine passende Übersetzung und Konkretisierung im eigenen Verantwortungsbereich des Unternehmens finden müssen.

Wenn eine strategische Ausrichtung von den Mitarbeitern aktiv umgesetzt werden soll, braucht es mehr als die bloße Verkündung von strategischen Zielen. Die Führungskraft muss es auch schaffen, die beteiligten Mitarbeiter immer wieder angemessen einzubinden und vom Sinn des Ganzen zu überzeugen.

Wenn Sie als Coach nicht gerade auf die strategische Beratung von Unternehmen spezialisiert sind, wird die Beschäftigung mit strategischen Fragen vermutlich eher selten als explizites Wunschthema vom Coachee genannt. Oft wird aber bei der mehrperspektivischen Situationsanalyse zu Beginn eines Coachings deutlich, dass akute oder dauerhafte Konflikte entstanden sind, weil eine überzeugende längerfristige Ausrichtung und Strategie entweder ganz fehlt oder im operativen Druck des Tagesgeschäfts verloren gegangen ist.

Wir möchten an einem ausführlichen Fallbeispiel erläutern, mit welchen methodischen Schritten man den Coachee bei der strategischen Ausrichtung seines Verantwortungsbereichs unterstützen kann.

Herr Selbstmann leitet einen technischen Bereich in einem Versicherungskonzern und ist insbesondere für die Netzwerk- und Telefonsysteme zuständig. Er ist ein ausgewiesener Experte, und ihm ist klar, dass unter Beibehaltung der bestehenden Technik und Vorgehensweise seine Dienstleistungen immer teurer und zeitintensiver werden. Er träumt von **einer** großen technischen Lösung, mit der seine Teams flexibel, schnell und deutlich kostengünstiger interne Kundenanfragen bedienen können. Sein Chef findet die Idee grundsätzlich richtig, aber sein Team steht auf der Bremse: «Das geht so nicht! Das verstehen wir nicht! Das ist viel zu kompliziert. Was sollen wir denn noch alles machen?» Er ärgert sich darüber, dass seine Mitarbeiter eher improvisierte Lösungen favorisieren und immer wieder fordern, einfach fertige technische Lösungen extern einzukaufen.

In der Reflexion mit dem Coach wird ihm deutlich, dass er mit seinen komplexen Zukunftsideen vermutlich Ängste und damit Widerstand ausgelöst hat: Er hat dem Team seine technische Idee mit Begeisterung dargestellt, konnte aber anscheinend weder die Notwendigkeit einer Veränderung noch den Nutzen so vermitteln, dass die Mitarbeiter beides verstehen. Er hat seine Ideen bisher nie systematisch durchdacht oder aufgeschrieben und bisher alle vom Team vorgetragenen Einwände sehr rigoros als technischer Experte entkräftet. Die von ihm angestrebte Veränderung bedeutet für die meisten Mitarbeiter einen erheblichen Umlernprozess und eine viel engere Kooperation und Abstimmung zwischen den beiden Mitarbeitergruppen, die bisher unabhängig agieren konnten. Insofern kann er den Unwillen seines Teams zwar verstehen, wenn auch nicht akzeptieren. Er möchte dieses Thema im Coaching grundsätzlicher für sich klären, um dann mit seinen Mitarbeitern in einen konstruktiven und angemessenen Dialog über die zukünftigen Herausforderungen zu kommen.

Der Coach schlägt ihm vor, die Frage der strategischen Ausrichtung seines Teams in vier methodischen Schritten vorzudenken und dabei zu entscheiden, wann und wie er seine Mitarbeiter sinnvoll einbinden kann (vgl. Fischer-Epe, Reissmann 2010):

- Den Unternehmensrahmen klären
- Ein Zukunftsbild entwickeln
- Handlungsfelder definieren
- Maßnahmen festlegen

2.1 Den Unternehmensrahmen klären

Da die Strategie einer Abteilung nicht losgelöst von den Zielen des Unternehmens entwickelt werden kann, regt der Coach zunächst an, die Rahmenbedingungen zu betrachten, in denen sich der Coachee mit seinem Verantwortungsbereich bewegt. Bei diesem ersten Schritt geht es eher um die gedankliche Einstimmung als um eine exakte und detaillierte Analyse: In vielen Unternehmen gibt es explizit formulierte strategische Ziele, die den Führungskräften in aller Regel bekannt sind. Wenn der Coachee nicht antworten kann, fragt der Coach danach, wie die Unternehmensleitung diese Ziele beschreiben würde:

- Was ist der Unternehmenszweck? Wofür gibt es Ihr Unternehmen?
- Gibt es eine explizite Mission? Wofür steht Ihr Unternehmen?
- Gibt es explizit formulierte Ziele, wie z. B. definierte Ertrags-, Kosten- und Innovationsziele, das Erobern neuer Märkte, Steigerung der Kundenzufriedenheit, Prozessoptimierungen etc.?
- Was möchte oder muss Ihr Unternehmen zurzeit gerade besonders beachten?

Die Fragen fordern den Coachee heraus, die Unternehmerbrille aufzusetzen. Sie bezwecken (meist erfolgreich), die Identifikation mit dem Unternehmen noch einmal zu betonen, und schaffen den richtigen Rahmen für die Entwicklung eines Zukunftsbilds für die eigene Abteilung. Erst dann fragt der Coach nach dem eigenen Beitrag des Coachees:

- Das ist also der Rahmen, in dem Sie sich bewegen. Welche Erwartungen hat nun das Unternehmen / der Vorstand an Sie und Ihren Verantwortungsbereich?
- Wie tragen Sie mit Ihrem Bereich zum Erfolg des Unternehmens bei?
- Wie könnten Sie mit wenigen Worten beschreiben, wofür Ihr Verantwortungsbereich zuständig ist?

Herr Selbstmann berichtet in dieser ersten Phase sichtlich stolz von seinem Unternehmen: «Wir wollen eine besonders hohe Kundenzufriedenheit und uns damit am Markt weiterhin profilieren. Unser Ziel: Wer bei uns versichert ist, wechselt nicht, d. h., wir haben kaum Abwanderungen und wachsen stetig.» Auf die Frage nach weiteren Zielen antwortet er: «Unser Unternehmen möchte zufriedene Kunden, da sind wir schon sehr gut, aber wir wollen noch besser werden. Bei uns geht es zurzeit sehr um Kosten und Geschwindigkeit. Wir wollen, dass die Kunden schnell bedient werden und nicht lange warten müssen. Unabhängig davon, wie sich ein Kunde meldet, soll er schnellstmöglich eine Antwort bekommen. Das funktioniert natürlich nur, wenn unsere internen Systeme, Abläufe und Kommunikationsstrukturen stimmen. Außerdem müssen wir im Preis wettbewerbsfähig bleiben und unseren Beitragssatz halten können. Das sind die Ziele, die sich das Unternehmen momentan auf die Fahne geschrieben hat.»

Der Coach geht jetzt einen Schritt weiter:

- Und wie würden Sie mit wenigen Worten beschreiben, wofür Ihre Abteilung da ist? Was tragen Sie zum Erfolg des Unternehmens bei?

Herr Selbstmann antwortet: «Wir sind ein Dreh- und Angelpunkt im Unternehmen. Ohne uns würde alles stillstehen. Die gesamte Kommunikation, alle Daten laufen über unsere Netze. Wenn wir stocken, stockt die ganze Firma. Wir sorgen dafür, dass technische Probleme mit den Netzwerken und den Telefonsystemen schnell und kostengünstig behoben werden.»

2.2 Ein Zukunftsbild entwickeln

Manchen Führungskräften bereitet der Begriff «Vision» großes Unbehagen. Mit einfachen Formulierungen kann der Coach dazu beitragen, dass in solchen Fällen gar nicht erst der Stress aufkommt, hier unbedingt etwas besonders Großartiges leisten zu müssen. Der Coach erklärt also:

- Es geht im folgenden Schritt darum, Ihren Gedanken erst einmal freien Lauf zu lassen. Stellen Sie sich Ihren Verantwortungsbereich in ein bis zwei Jahren vor, alles ist top gelaufen, Sie konnten Ihre Ideen verwirklichen und sind mit Ihrem Verantwortungsbereich optimal für die Zukunft aufgestellt. Mit Ihrem

Chef und auch mit Ihrem Team läuft es genau so, wie Sie es sich gewünscht haben. Sie können Ihre Fähigkeiten optimal einsetzen. Alle im Team ziehen mit. Wie sieht Ihr Bereich dann aus? Welche Bedeutung hat er dann im Unternehmen?

Nach dieser Einstimmung sollte der Coachee einige Minuten in Ruhe nachdenken können, um dann seine Gedanken und inneren Bilder so detailliert wie möglich zu erzählen oder aufzuschreiben. Auf diese Weise entsteht eine Vertiefung und Verdichtung. Der Coach hilft dabei z. B. mit Worten wie:

- Stellen Sie sich vor, dass Sie einen Brief an einen guten Freund schreiben, den Sie mehrere Jahre nicht gesehen haben. Sie berichten ihm von den Veränderungen in Ihrem Verantwortungsbereich. Schreiben Sie so genau wie möglich auf, wie Ihr Bereich sich verändert hat, was Sie auf den Weg gebracht haben, wie die Kooperation läuft und worauf Sie stolz sind – sodass Ihr Freund es auch verstehen kann.

Herr Selbstmann geht, ohne länger nachzudenken, zum Flipchart und malt zwei Kreise, die eine größere Schnittmenge haben: einen für die Gruppe Telefonsysteme und einen für die Gruppe Netzwerk. Zwischen den Kreisen zieht er viele Verbindungslinien. Sie sollen die intensive Kommunikation und Kooperation zwischen den beiden Gruppen andeuten. Um die Kreise herum malt er sonnenartige Strahlen: «Wir stehen gut da. Unser Ruf ist sehr gut. Wir sind gern gesehene Partner im ganzen Unternehmen. Und wenn ich's mir so recht überlege: Wir sind aktive Berater unserer internen Kunden. Wir warten nicht mehr auf Aufträge, sondern gehen aktiv auf die Leute zu.»

Er berichtet weiter, dass er seit längerer Zeit davon träumt, eine neue Telekommunikation- und Netzwerkplattform zu entwickeln, die in sich geschlossen ist, die auf einer einheitlichen Technologie beruht, die auch längerfristig erweiterbar und für Neuerungen anschlussfähig ist und in der alles mit allem kompatibel ist. In seiner Vision hat er diese Ideen bereits verwirklicht. Jeder hat dann Zugriff auf alle Daten, ohne sich vorher freischalten zu müssen: «Das spart uns Zeit und Nerven. So wäre auch auf längere Sicht der Einsatz moderner, schneller und flexibler Medien zur Kommunikation und zum Datenaustausch möglich.»

Wenn Herr Selbstmann über diese Neuerungen spricht, ist seine Begeisterung als Techniker und DV-Experte deutlich spürbar.

Visionen sind mehr oder weniger konkrete Zukunftsbilder, und nicht jedem Coachee fällt es so leicht wie Herrn Selbstmann, sich auf diesen offenen Prozess einzulassen. Will man dem Coachee mehr Struktur und Sicherheit geben, bietet der Coach alternativ oder ergänzend zu der offenen Frage nach der Vision eine Strukturierungshilfe an und erfragt dann systematisch die Zukunftsvorstellungen zu unterschiedlichen Aspekten des Zielbildes:

- Was wird das Team zum Zeitpunkt x leisten? Wie ist die Ausrichtung im (internen) Markt?
- Was stellen Sie her? Was stellen Sie zur Verfügung?
- Wie haben sich Arbeitsqualität und Arbeitsabläufe entwickelt?

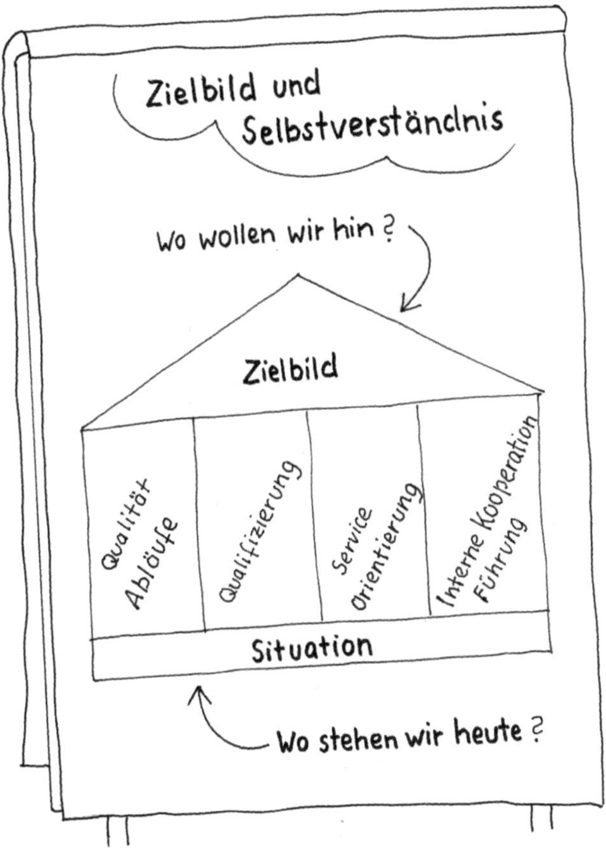

- Welche Kompetenzen haben Sie dann aufgebaut?
- Wie sichern Sie die weitere Qualifizierung?

- Durch welches Kunden- und Serviceverständnis zeichnet sich das Team aus?
- Was zeichnet die interne Zusammenarbeit, Kommunikation und Führung aus?

Diese Strukturierungshilfe lässt sich beliebig um Aspekte erweitern, die für den Verantwortungsbereich des Coachees wichtig sind, z. B. die Zusammenarbeit mit internen Schnittstellen, der Umgang mit Innovationen und Veränderungen.

Im weiteren Vorgehen verdichtet der Coachee dann seine Vision zu fünf bis acht Kernbotschaften. Damit sind eher grundsätzliche Identitätsaussagen gemeint und noch keine konkreten Ziele, um den Coachee nicht gleich in einen operativen Druck zu bringen.

Die Kernbotschaften sollten aktiv und im Präsenz formuliert sein, d. h., sie beginnen idealerweise mit Formulierungen wie: «Wir sind …», «Wir garantieren …», «Wir sichern …», «Wir zeichnen uns aus durch …».

Diese Kernbotschaften können dann weiter konkretisiert werden – zunächst zu Handlungsfeldern und am Ende zu handhabbaren Maßnahmen:

- Wenn Sie sich vorstellen, Ihre Vision wäre verwirklicht: Was macht Ihre Abteilung/Ihre Leistung/Ihre Art der Zusammenarbeit dann aus?

Herrn Selbstmann fällt es leicht, Kernaussagen zu formulieren, weil er in seiner Vision bereits konkrete Vorstellungen entwickelt hatte. Diese Kernaussagen werden aufs Flipchart übertragen:

- Wir haben eine technische Lösung, die uns ermöglicht, schnell und kostengünstig Kundenanliegen zu erfüllen.
- Wir sind aktive Berater unserer internen Kunden.
- Wir reden viel miteinander.
- Wir lernen voneinander.
- Unsere Experten im Team stellen ihr Know-how aktiv zur Verfügung.
- Wir haben Profis in Spezialthemen und insgesamt ein breites Wissen im Bereich.

Abschließend werden die Kernbotschaften systematisch unter die Lupe genommen. Der Coach bittet den Coachee, sein Zukunftsbild im Hinblick auf Nutzen und Risiken einzuschätzen:

- Angenommen, Sie schlagen diesen Weg ein: Welche Chancen liegen darin? Welchen Nutzen sehen Sie?
- In welcher Weise kann das Unternehmen, Ihre Einheit, Ihr Team profitieren?
- Und wo sehen Sie Risiken oder negative Konsequenzen?

Im Coaching mit Herrn Selbstmann ist zu diesem Zeitpunkt das Ende einer Sitzung erreicht, und es bietet sich an, ihm diese Fragen zur Reflexion als Aufgabe mitzugeben.

Zum nächsten Termin kommt er mit zwei vorbereiteten Flipcharts, auf denen er die Abwägung von Nutzen und Risiken für das Unternehmen und für das Team visualisiert hat. Diese Arbeit hat er als motivierend erlebt. Als wesentlichen Nutzen für das Unternehmen sieht er:

- Kostenersparnis durch neue Techniken
- Weniger Schnittstellen – bessere Nutzung von Ressourcen
- Höhere Kundenzufriedenheit durch höhere Geschwindigkeit im Kundenservice
- Weniger Verwaltungsaufgaben, dafür mehr anspruchsvolle technische Aufgaben für das Team
- Persönliche Weiterentwicklung für die Mitarbeiter
- Besseres Image der Abteilung durch aktive Betreuung und Fachberatung interner Kunden
- Höhere Identifikation durch die gemeinsame Entwicklung einer technischen Lösung
- Arbeitsplatzsicherung, Absicherung vor externen Beratern
- Mitarbeiter steigern ihren eigenen Marktwert

Natürlich war Herrn Selbstmann vorher schon klar, dass eine gute technische Lösung auch gut für das Unternehmen ist. Durch die konkrete Aufschlüsselung stehen seine bisher nur technisch motivierten Ziele nun aber in einem anderen Zusammenhang und haben größere Legitimation. Ihm ist nachvollziehbar geworden, dass er vor seinen Mitarbeitern die strategische Bedeutung und den Nutzen seines Vorhabens klarer herausstreichen und nicht nur technisch argumentieren sollte. Auf einem zweiten Flipchart hat der Coachee mögliche Risiken aufgelistet:

- Hohe Entwicklungskosten
- Bindung an eine technische Lösung, von der man dann abhängig ist
- Das Team zieht nicht mit
- Überforderung Einzelner durch die komplexen neuen Anforderungen

- Kooperation zwischen den beiden Teams gelingt aufgrund alter Ressentiments nicht
- Die Teammitglieder gehen sich aus dem Weg und kommunizieren zu wenig

Der Coachee schätzt die Unternehmensrisiken als beherrschbar ein: Die Entwicklungskosten werden im Rahmen des Projektmanagements ohnehin streng kalkuliert und im Verlauf kontrolliert. Das größte Risiko sieht Herr Selbstmann in seinem Team: «Das ist alles Zukunftsmusik. Wir sind weit davon entfernt, uns auf Neues einzulassen – zurzeit verwalten wir eher, was wir haben. Da muss es einen Ruck geben. Wir müssen uns gegenseitig unterstützen und voneinander lernen. Wir müssen die Schwachen stärken, statt sie im Regen stehenzulassen. Überhaupt müssen wir anfangen, eine Stimmung zu schaffen, wo Lernen Spaß macht.»

Ihm wird klar, dass er hier eine Teamentwicklung in Gang bringen muss, und er fühlt sich damit noch überfordert.

Nachdem Nutzen und Risiken erarbeitet und reflektiert sind, zieht der Coachee ein vorläufiges Resümee: «Will ich meine Vision verfolgen? Was will ich wirklich angehen?»

Für Herrn Selbstmann überwiegt bei Weitem der Nutzen, und er ist motiviert, sich mit Engagement für seine Vision einzusetzen.

2.3 Handlungsfelder definieren

Um aus den Kernbotschaften konkrete Handlungsfelder ableiten zu können, stellt der Coach vertiefende Fragen:

- Wie weit sind Sie von Ihrem Zukunftsbild entfernt?
- Wo sehen Sie die Stärken und Schwächen Ihrer Abteilung / Ihres Teams – gemessen an diesem Ziel?
- Welche Baustellen müssen bearbeitet werden?
- Was müsste man anpacken, um diesem Ziel näher zu kommen?

Eine der Kernbotschaften von Herrn Selbstmann hieß: «Wir sind aktive Berater unserer internen Kunden.» Dazu sieht er als wichtigste Stärke das fachliche Potenzial seiner Mitarbeiter: «Wir haben im Prinzip erfahrene, gut ausgebildete Leute.» Als Handlungsfelder benennt er: «Wir müssten gründlicher mit den internen Kunden reden, was die eigentlich wollen. Wir müssten einige Leute fachlich fit machen und ein Beratertraining durchführen.»

Meistens ist es sinnvoll, zwei bis drei Handlungsfelder pro Kernbotschaft zu formulieren. Am Ende entstehen so insgesamt etwa 15 Handlungsfelder, die anschließend priorisiert werden. Diese Konkretisierungsarbeit kann mühsam sein. Man kann sie zwar im Einzelcoaching durchführen, sie eignet sich aber auch sehr gut als Aufgabe, die vom Coachee zwischen den Coaching-Sitzungen bearbeitet wird.

Außerdem sollte spätestens hier geprüft werden, ob bzw. wann das betroffene Team beteiligt wird. Herr Selbstmann möchte sich nicht noch weiter gedanklich im Alleingang von seinen Mitarbeitern entfernen. In einem Zukunftsworkshop will er das Team auf den Stand seiner bisherigen Überlegungen bringen und seine Ideen gemeinsam kritisch reflektieren. Er plant, diesen Workshop extern moderieren zu lassen, um gleichzeitig am Modell zu lernen, wie man solche Gruppenprozesse konstruktiv gestalten kann. Im Rahmen dieses Workshops soll die Erarbeitung der Handlungsfelder erfolgen.

2.4 Maßnahmen ableiten

Die wichtigsten fünf bis sieben Handlungsfelder werden anschließend so weit konkretisiert, dass am Ende für jedes Handlungsfeld spezifische Maßnahmen entstehen. Diesen Schritt sollte die Führungskraft in jedem Fall mit dem Team gemeinsam durchführen. Leitfragen für diese Arbeit können sein:

- Was müssen wir konkret tun?
- Wer macht was (mit wem) bis wann?
- Was könnte schwierig werden?
- Wer braucht welche Unterstützung?
- Wie hoch ist der Aufwand?
- Was sind die nächsten Schritte, und wie geht es danach weiter?

Herr Selbstmann hat den geplanten Workshop mit seinem Team erfolgreich durchgeführt. Er hat dort sein Zukunftsbild, die wichtigsten Kernbotschaften sowie den Nutzen und die Risiken präsentiert.

Dann hat er den Nutzen und die Risiken sowie bereits vorhandene **Stärken und Schwächen** vom Team ergänzen lassen.

Danach wurden gemeinsam die wichtigsten **Handlungsfelder** definiert und ein **Maßnahmenplan** mit konkreten ersten Schritten, klaren Verantwortlichkeiten und Terminen erarbeitet.

Damit hatte er sein Ziel fast erreicht: Das Team akzeptierte den Kurs und zog, wenn auch noch etwas zögerlich, mit.

Herr Selbstmann berichtet nach einigen Wochen, die Akzeptanz der Strategie sei inzwischen bei fast allen Teammitgliedern weiter gestiegen. Trotz anfänglicher Skepsis würden die Mitarbeiter für die Aufgaben kämpfen, die sie im Workshop übernommen hätten, und die Weiterentwicklung der Organisation inzwischen auch zu ihrem Projekt machen – sicher auch ein Effekt der stärkeren Beteiligung und Verantwortung der Mitarbeiter.

Diskussion

Im Rahmen des Einzelcoaching haben die inhaltliche Strategieentwicklung und die angemessene und motivierende Gestaltung des Prozesses gemeinsam mit dem Mitarbeiterteam gleiches Gewicht. Der Reflexionsprozess soll dem Coachee einerseits helfen, die strategischen Ziele gegenüber den Mitarbeitern inhaltlich überzeugend darzustellen und sein Alltagshandeln im Sinne dieser Ziele begründen zu können. Gleichzeitig sollte der Coachee Ideen gewinnen, wie er den Prozess der strategischen Ausrichtung mit seinen Mitarbeitern motivierend gestalten kann.

Coach und Coachee prüfen sorgfältig, welche Schritte im Coaching vorgedacht werden sollen, bevor der Coachee sein Team aktiv einbezieht. Z.B. könnte der Coachee den hier beschriebenen strategischen Prozess komplett mit seinen Mitarbeitern gestalten. Wenn die Schritte im Coaching nur methodisch vorgedacht und die Mitarbeiter möglichst früh aktiv beteiligt werden, fördert das in der Regel die Motivation im Team – und die Kompetenzen der Mitarbeiter werden optimal genutzt. Allerdings erhöht es unter Umständen auch die Frustration, wenn die Mitarbeiter z. B. erleben, dass ihre Vorschläge zwar abgefragt, aber nicht angenommen werden («War ja sowieso schon klar, wo es hingehen sollte»).

Der Coachee sollte sich also im Vorfeld bewusst machen, was als Rahmenbedingung gesetzt ist und wo es echte Spielräume für Beteiligung gibt, bevor er in den Dialog mit den Mitarbeitern tritt.

Wenn sich der Coachee für ein Vorgehen entscheidet, das der Coach nicht sinnvoll findet, z. B. weil die Mitarbeiter seiner Meinung nach zu einem anderen Zeitpunkt eingebunden und beteiligt werden sollten, sollte der Coach seine Hinweise und Bedenken offen ansprechen und mögliche Konsequenzen aufzeigen, sich danach aber wieder zurücknehmen und nach Lösungen suchen, die der Coachee sich auch zutraut.

Die Bearbeitung der vier Schritte erfordert meist mehrere Coaching-Sitzungen, wobei der Coachee weitere Zeit für Selbstreflexion und Gespräche mit Kollegen, Mitarbeitern und Vorgesetzten einplanen sollte. Führungskräften, die moderationsunerfahren sind oder große Mühe haben, in Teamworkshops eine moderierende Haltung einzunehmen, empfehlen wir, hier einen neutralen internen oder externen Moderator einzusetzen.

Unternehmensrahmen klären	**Zukunft entwerfen**	**Handlungsfelder definieren**	**Maßnahmen ableiten**
Wofür stehen wir?	*Wo wollen wir hin?*	*Was müssen wir tun?*	*Was werden wir tun?*
Vision und Mission des Unternehmens beschreiben	Zukunftsbild entwerfen	Stärken und Schwächen bewerten	Umsetzung konkretisieren
Unternehmensziele beschreiben	Kernbotschaften formulieren	Handlungsfelder definieren	Aufwände einschätzen
eigenen Beitrag zu den Unternehmenszielen definieren	Chancen und Risiken bewerten	Handlungsfelder priorisieren	Umsetzung sicherstellen

Schritte zur strategischen Ausrichtung
(vgl. Fischer-Epe, Reissmann 2010)

3. Mitarbeiter fordern, fördern und coachen

Die dritte zentrale Anforderung an die Führungsrolle betrifft die Förderung und gezielte **Entwicklung von Mitarbeitern und Teams**. Die Führungskraft muss dem Team und jedem einzelnen Mitarbeiter ein Umfeld schaffen, in dem man im Sinne der Aufgabe erfolgreich kooperieren und lernen kann. Sie sollte sich also fragen:

- Wie kann ich Motivation und Leistungsbereitschaft sinnvoll fördern?
- Was braucht das Team, um zukünftige Herausforderungen zu meistern? Wie kann ich die Kooperation im Team fördern?
- Was brauchen einzelne Mitarbeiter, um ihre Fähigkeiten zu entfalten? Wie kann ich den Einzelnen dabei am besten unterstützen?

Insofern hat eine Führungskraft immer auch die Rolle eines **(Team-)Coachs,** der die Verbindung herstellen muss zwischen den Unternehmenszielen, dem Leistungsauftrag und den konkreten Menschen, die diese Leistung erbringen sollen. Bei dieser Aufgabe kann die Personalentwicklung des Unternehmens unterstützen, dennoch bleibt die Führungskraft selbst der wichtigste «Personalentwickler» vor Ort. Sie muss Potenziale erkennen, gemeinsam mit dem Mitarbeiter Entwicklungsziele definieren und systematisch die Qualifizierung fördern.

Manchmal wird dieser Aspekt der Rolle vernachlässigt, und es fehlen gründlichere Überlegungen zur Einarbeitung, Weiterqualifizierung und -entwicklung der Mitarbeiter. In den oft ohne großen Enthusiasmus durchgeführten jährlichen Mitarbeitergesprächen dominieren dann eher die rückblickende Leistungsbewertung und die Gehaltsfindung.

Mitarbeiterentwicklung sollte aber nicht nur einmal im Jahr in dafür vorgesehenen Entwicklungsgesprächen thematisiert werden, sondern im Idealfall in vielen zeit- und alltagsnahen Feedbackgesprächen Platz finden (vgl. Kapitel 3.2 und 3.4).

Im Coaching kann die Mitarbeiterentwicklung systematisiert werden. Entwicklungsgespräche sowie alltagsnahe Feedbacksequenzen können vorbereitet und trainiert werden.

3.1 Mitarbeiter systematisch fördern

In welchen Schritten wir Führungskräfte im Coaching anregen, die Team- und Mitarbeiterqualifizierung systematisch anzugehen, zeigen wir am Beispiel von **Frau Rechtling**, die Sie bereits aus dem ersten Kapitel kennen. Sie hat bei der Reflexion der Rollenanforderungen erkannt und akzeptiert, dass sie sich – im Gegensatz zu ihren ursprünglichen Vorstellungen – vorrangig um die Qualifizierung ihrer Mitarbeiter und die Entwicklung des Teams kümmern muss.

Bevor Frau Rechtling sich mit ihren Mitarbeitern ins Gespräch begibt und dabei natürlich auch nach deren eigenen Vorstellungen zur weiteren Entwicklung fragt, möchte sie sich im Dialog mit dem Coach erst einmal selbst darüber klar werden, wie sie die Qualifizierung sinnvoll voranbringen kann.

Anforderungen definieren

Zunächst definiert Frau Rechtling die wichtigsten Anforderungen für die Qualifizierung ihrer Mitarbeiter. Als Rahmen dienen der Leistungsauftrag für das Team und ihr Zukunftsentwurf für die Abteilung, für die sie als Anforderung formuliert hatte:

«Die HR-Referenten können und wollen auch komplexe Fälle selbst entscheiden und sind akzeptierte Gesprächspartner für ihre internen Kunden, d.h. für die von ihnen betreuten Führungskräfte.»

Im ersten Schritt hilft der Coach bei der Konkretisierung dieses Zukunftsentwurfs:

- Wenn Sie dieses Ziel mit dem Team erreichen wollen, auf welche Qualifikationen wird es in den nächsten Jahren besonders ankommen? Was müssen die Mitarbeiter beherrschen (wissen und können), um dieses Ziel zu erreichen?

- Welche fachlichen, methodischen, sozialen oder persönlichen Kompetenzen werden die Mitarbeiter brauchen, zusätzlich zu dem, was sie bisher schon gut leisten können?

- Angenommen, Sie stünden vor einem «Wünscheregal» voller Kompetenzen und könnten sich frei bedienen. Was würden Sie herausgreifen?

Der Coach notiert die wichtigsten Aussagen am Flipchart, bis der Coachee zuversichtlich ist, dass mit den beschriebenen Kompetenzen der gewünschte Zustand erreicht werden kann. Frau Rechtling konkretisiert ihren Zukunftsentwurf zu fünf Kernanforderungen:

- Die Mitarbeiter denken und handeln im Sinne der Personalstrategie des Unternehmens.
- Sie beraten die von ihnen betreuten Führungskräfte wertschätzend und dienstleistungsorientiert.
- Sie finden kreative und eigenständige Lösungen.
- Sie sind für die Führungskräfte selbstbewusste Gesprächspartner auf Augenhöhe.
- Sie sind teamfähig und bereit, voneinander zu lernen.

Mitarbeiter- und Teampotenzial analysieren

Damit sind einige Kernanforderungen beschrieben, die als Richtschnur für eine systematische Betrachtung des Teams und jedes einzelnen Mitarbeiters dienen können. Auch wenn sie hier noch nicht im Detail operationalisiert sind, kann man sich damit schon einen guten Überblick verschaffen. Die Kompetenzen werden in eine Tabelle eingetragen, und im Anschluss wird jeder Mitarbeiter zu jeder Kompetenz auf einer Zehnerskala unter drei Aspekten eingeschätzt:

- Wie wichtig ist diese Anforderung für die Erfüllung der Aufgabe / Funktion des Mitarbeiters? Welchen Wert müsste er im Zeitraum x erreichen? (SOLL)

- Wie gut entspricht er der Anforderung bereits jetzt? (IST)
- Wie schätzt die Führungskraft das Entwicklungspotenzial des Mitarbeiters für diese Anforderung in einem Zeitraum x ein? (POT).

Im Unterschied zu formalen Beurteilungsinstrumenten steht hier die Entwicklungsperspektive im Vordergrund. Deshalb nutzen wir gern eine Zehnerskala, die sich auch in der lösungsorientierten Beratung etabliert hat. Damit lässt sich der gewünschte Entwicklungsweg anschaulich in kleine Schritte auffächern.

Kompetenzen	Erfolgskriterium 1			Erfolgskriterium 2			Erfolgskriterium 3			…
Mitarbeiter	IST	SOLL	POT	IST	SOLL	POT	IST	SOLL	POT	
Gesamtpotenzial im Team										

IST = Vom Mitarbeiter gezeigte Leistung (1–10)
SOLL = Erforderliche Leistung für die Aufgabe
POT = Vermutetes Potenzial des Mitarbeiters

Team- und Mitarbeiterpotenzialanalyse

Im Gespräch mit dem Coach nimmt Frau Rechtling nun eine vergleichende Bewertung der Mitarbeiter zu den verschiedenen Kriterien vor. Dabei lenkt sie ihren Blick auf die Stärken und Entwicklungsthemen jedes einzelnen Mitarbeiters. Das liefert ihr gleichzeitig fundierte Hinweise, wo es insgesamt im Team Entwicklungsbedarfe gibt und wo besondere Stärken einzelner Mitarbeiter schlummern, die für den Know-how-Transfer im Team gut genutzt werden können.

Entwicklungsziele und -maßnahmen definieren

Nachdem die Lern- und Qualifizierungsbedarfe analysiert sind, werden daraus Entwicklungsziele für jeden Mitarbeiter formuliert. Diese Ziele sollten **konkret** nachvollziehbar, **motivierend und realistisch** formuliert sein (vgl. Fischer-Epe 2002/2011).

Eine Konkretisierung für «teamfähig» wäre z. B.: Der Mitarbeiter, Herr Lauer, interessiert sich für die Meinung der Kollegen zu seinen Projekten und trägt als alter Hase aktiv zur Qualifizierung im Team bei.

Für eine andere Mitarbeiterin, Frau Rambow, die sich zwar gut durchsetzen kann, aber als unfreundlich, von oben herab und diktatorisch erlebt wird, lautet ein Entwicklungsziel: Frau Rambow hört den internen Kunden/Führungskräften freundlich und wertschätzend aktiv zu. Sie sucht nach Lösungen, die auch die Führungskraft zufriedenstellen.

Durch die intensive Beschäftigung mit den einzelnen Mitarbeitern gewinnt Frau Rechtling auch ein tieferes Verständnis für die Situation des gesamten Teams: Alle Mitarbeiter müssen in ihrer Rolle als Personalreferenten eine relativ anspruchsvolle Beratungskompetenz entwickeln. Wenn sie von den Führungskräften als Berater auf Augenhöhe akzeptiert werden wollen, gilt es zwei unterschiedliche – oft widersprüchliche – Rollenanforderungen unter einen Hut zu bringen:

Als **Dienstleister**, die in der Hierarchie untergeordnet sind, sollen sie Lösungen für Personalfragen der Führungskräfte finden.

Als **Vertreter der Personalstrategie des Unternehmens** sollen sie aber nicht nur die Wünsche der Führungskräfte erfüllen, sondern müssen immer wieder auch unbequeme Kosten-/Nutzen-Überlegungen umsetzen.

Beiden Rollenanforderungen im Konfliktfall gerecht zu werden, ohne sich der Führungskraft über- oder unterzuordnen, bleibt oft ein Balanceakt. Frau Rechtling muss also mit dem Team einen Rahmen schaffen, in dem Standing und Beratungskompetenz entwickelt werden können. Gleichzeitig erkennt sie, dass sie es eher mit einer Ansammlung von Einzelkämpfern zu tun hat und man noch nicht wirklich von einem Team sprechen kann, in dem ein lebendiger fachlicher Austausch stattfindet und man sich bei Fragen und Problemen gegenseitig hilft.

Auf der Basis dieser Erkenntnisse konkretisiert sie nun die Entwicklungsziele für das gesamte Team:

- Im Team besteht ein Konsens über Strategie, Rolle und (Dienst-)Leistungsauftrag der Personalabteilung.
- Die Mitarbeiter stellen ihr Know-how im Team zur Verfügung und reflektieren offen über Best-practice-Erfahrungen sowie über Schwierigkeiten im Umgang mit internen Kunden/Führungskräften.
- Die Zusammenarbeit ist konstruktiv-kritisch: Die Mitarbeiter haben gelernt, die fachliche Arbeit ebenso auf den Prüfstand zu stellen wie die Kooperation im Team, mit der Führungskraft und mit den internen Kunden.

Wenn die Entwicklungsziele für jeden einzelnen Mitarbeiter und für das gesamte Team konkretisiert sind, geht es um die konkreten **Maßnahmen**:

- Was ist nun zu tun?
- Wie und mit welchen Fördermaßnahmen kann man die anstehenden Lern- und Entwicklungsprozesse beim Einzelnen wie im Team sinnvoll unterstützen?
- Wo fehlen Wissen und Erfahrung?
- Wo braucht es eine bessere Einarbeitung, Hospitation oder ein Training on the Job?
- Ist eine interne oder externe Weiterbildung sinnvoll und notwendig?
- Oder geht es vielmehr um einen besseren Wissens- und Erfahrungstransfer im Team?
- Wie intensiv kann bzw. muss die Führungskraft den Lernprozess einzelner Mitarbeiter begleiten und dabei eine «coachende» Haltung einnehmen?
- Wie intensiv muss man sich um die Teamentwicklung kümmern?

Die meisten Entwicklungsziele lassen sich nicht auf Zuruf oder Knopfdruck erreichen. Frau Rambow soll z. B. ein neues Rollenverhalten zeigen, in dem sie wertschätzend und dienstleistungsorientiert auf die Anliegen ihrer internen Kunden eingeht.

Was könnte ihr dabei helfen, ihr diktatorisches Verhalten abzulegen und den Führungskräften eher als Partner auf Augenhöhe zu begegnen statt von oben herab? Wie könnte sie das am besten lernen? Reicht es aus, diesen Punkt ernsthaft persönlich mit Frau Rambow anzusprechen und dann nach einiger Zeit zu prüfen, ob die Botschaft angekommen ist und umgesetzt werden konnte? Muss Frau Rechtling den Lernprozess von Frau Rambow enger begleiten und das Coaching selbst in die Hand nehmen oder gar einen externen Coach engagieren?

Oder kann dieser Lernprozess auch im Arbeitsalltag durch Feedback und gegenseitiges Lernen mit den Kollegen stattfinden?

Bei diesen Überlegungen kann der Coach seine Erfahrung beisteuern und mit dem Coachee erste Ideen für sinnvolle Maßnahmen entwickeln. Nachdem die Fragen für ein bis zwei wichtige Mitarbeiter exemplarisch durchgespielt sind, können die weiteren Überlegungen auch gut ohne den Coach zu Ende geführt werden. Und natürlich sollte hier auch die interne Personalentwicklung ins Spiel gebracht werden, sofern es sie im Unternehmen gibt.

Wie es mit der Teamentwicklung weitergehen könnte, beschreiben wir ausführlich in Kapitel 4.

Wie es im Entwicklungsgespräch oder beim Feedback mit einzelnen Mitarbeitern weitergehen könnte, erfahren Sie im folgenden Kapitel.

Diskussion

Mit diesen methodischen Schritten kann man dem Coachee auf einfache Weise helfen, seine Vorstellungen zur Qualifizierung und Entwicklung von Mitarbeitern und Teams fundierter zu begründen. Dabei ist es nicht wichtig, ob jedes Ziel immer bis in die Tiefe korrekt operationalisiert wird. Auch bei den Maßnahmen reichen in der Regel erste Ideen, die dann im Dialog mit den Mitarbeitern weiterentwickelt werden können – und sollen! Wichtiger scheint uns, überhaupt einen Rahmen zu schaffen, in dem diesen Fragen systematisch nachgegangen werden kann.

Größere Unternehmen stellen ihren Führungskräften meist Tools und Beratungsangebote zur systematischen Potenzialanalyse und Entwicklungsplanung zur Verfügung. Der Coach ist also gut beraten, auf diese Angebote hinzuweisen oder – in Abstimmung mit der Personalentwicklung – auch die unternehmensinternen Tools im Coaching zu nutzen.

Wie bei vielen Führungsthemen, die wir im Coaching begleiten, richtet sich die Entscheidung für ein methodisches Vorgehen auch nach der Führungsphilosophie des Coachees und den Spielregeln und Rahmenbedingungen im Unternehmen: Wie viel Beteiligung der Mitarbeiter ist gewünscht und gewollt? Wieweit können – und sollen – die Mitarbeiter mitgestalten, wohin die Reise geht? Zu welchem Zeitpunkt sollen sie eingebunden werden? Werden der Zukunftsentwurf und die sich daraus ergebenden Anforderungen verkündet und diskutiert oder bereits gemeinsam erarbeitet?

Den meisten Führungskräften geht es wie Frau Rechtling. Sie wollen sich erst einmal selbst im Klaren über diese Fragen sein, bevor sie in individuellen Entwicklungsgesprächen die Überlegungen ihrer Mitarbeiter erfragen. Wenn der Coachee aber zum Beispiel ein Team von Spezialisten führt und selbst fachlich gar nicht entsprechend kompetent ist, wäre es sicher sinnvoller, diesen Prozess von vornherein offen mit den Mitarbeitern zu gestalten und sie ohne konkrete Vorgaben aufzufordern, sich ihrer Stärken, Fähigkeiten, Ziele und Entwicklungswünsche bewusst zu werden.

3.2 Entwicklungsgespräche vorbereiten

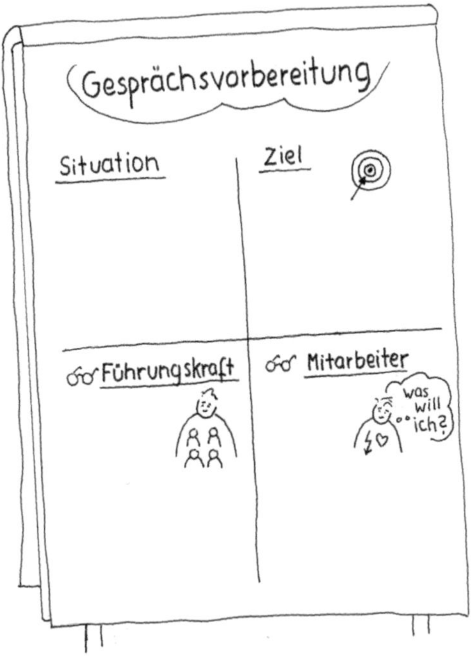

Führungskräfte sind – als «Personalentwickler» vor Ort – für die Einarbeitung, Weiterqualifizierung und Karriereentwicklung ihrer Mitarbeiter (mit)verantwortlich. Natürlich trägt jeder Mitarbeiter auch selbst Verantwortung für seine Entwicklung. Aber es muss der Führungskraft gelingen, die Potenziale des Mitarbeiters zu erkennen, die systematische Qualifizierung im Blick zu behalten und den Mitarbeiter auch individuell durch angemessene Impulse in seiner Entwicklung zu fordern und zu fördern.

Ein wesentliches Instrument dazu sind regelmäßige Entwicklungsgespräche und Feedbackprozesse, in denen sich Führungskraft und Mitarbeiter über Ziele und geeignete Entwicklungsmaßnahmen verständigen und den Lernprozess des Mitarbeiters in sinnvollen Abständen auswerten bzw. neu justieren.

Wenn die Qualifizierungsziele anspruchsvoll sind und die Gespräche erfolgreich verlaufen sollen, brauchen sie in der Regel eine gründliche Vorbereitung. Im Rahmen eines Coaching können Führungskräfte Ideen und Sicherheit gewinnen, wie sie diese Gespräche erfolgversprechend gestalten können.

Mit welchen methodischen Schritten wir Führungskräften bei der inhaltlichen Vorbereitung von Entwicklungsgesprächen helfen, möchten wir wieder am Beispiel von **Frau Rechtling** zeigen, die noch unsicher ist, wie sie solche Gespräche sinnvoll vorbereiten und führen könnte. Sie hat bisher nur als Mitarbeiterin Erfahrungen mit dieser Art von Gespräch gemacht – und das waren aus ihrer Sicht nicht die besten. Frau Rechtling möchte sich gut auf die ersten Gespräche einstellen, um dann auch sicher argumentieren zu können.

Im letzten Kapitel haben wir den Prozess beschrieben, wie sie die zukünftigen Anforderungen für ihre HR-Referenten definiert und anschließend eine Team- und Mitarbeiterpotenzialanalyse vornimmt. Daraufhin hat sie bereits für jeden Mitarbeiter Entwicklungsziele definiert und über erste Maßnahmen zur Qualifizierung nachgedacht.

Auf Grundlage dieser Überlegungen können nun die Entwicklungsgespräche mit einzelnen Mitarbeitern gut vorbereitet und dann auch fundiert geführt werden.

Die inhaltliche Vorbereitung des Gesprächs strukturieren wir anhand von vier Grundfragen. Die Antworten visualisieren wir stichwortartig am Flipchart mit, sodass der Coachee am Ende alle wesentlichen Aspekte auf einen Blick vor sich sieht:

Was ist wichtig und sollte Ihnen im Gespräch möglichst präsent sein …

- … zur **Ausgangssituation** und den Rahmenbedingungen?
- … zu Ihrer Perspektive als **Führungskraft**?
- … zur Perspektive des **Mitarbeiters**?
- … zum **Gesprächsziel**? Was sind Ihre Erfolgskriterien für das Gespräch?

Wie Frau Rechtling diese Fragen für das bevorstehende Entwicklungsgespräch mit einem ihrer Mitarbeiter, Herrn Vorsicht, beantwortet, zeigen wir im Folgenden.

Ausgangssituation

Im ersten Schritt fasst Frau Rechtling zusammen, welche Aspekte der Ausgangssituation für das kommende Gespräch relevant sein könnten: Herr Vorsicht ist als einer von acht HR-Referenten zuständig für zwei Unternehmensbereiche mit insgesamt zwölf Führungskräften, die er bei allen Personalangelegenheiten beraten und unterstützen soll. Er sei langjährig erfahren und schon viel länger im Unternehmen als sie selbst. In vielen Fachfragen sei er sehr kompetent und im Team sowie bei seinen internen Kunden, den von ihm betreuten Führungskräften, sehr beliebt.

Perspektive Führungskraft

Im nächsten Schritt reflektiert Frau Rechtling ihre Einschätzung des Mitarbeiters und ihre konkreten Erwartungen. Sie beschreibt Herrn Vorsicht als sehr freundlich und dienstleistungsorientiert. Die Kehrseite sei allerdings, dass er dabei allen Schwierigkeiten und Konflikten aus dem Weg gehe. Er sei im Kontakt mit den Führungskräften sehr zurückhaltend und zeige zu viel Verständnis für deren Situation. Er müsse lernen, die personalpolitischen Entscheidungen des Unternehmens besser zu begründen und vor allem auch durchzusetzen.

Vom Coach nach einem konkretisierenden Beispiel gefragt, berichtet Frau Rechtling: «Er hätte den Führungskräften erklären und ihnen gegenüber auch vertreten müssen, dass sie zukünftig bei Arbeitsspitzen nicht mehr selbständig externe Hilfskräfte einkaufen können. Das ist eine unternehmerische Entscheidung, die er als HR-Referent mit zu vertreten hat, was ihm aber nicht richtig gelingt. Ständig rufen mich dann Führungskräfte aus seinem Betreuungsbereich an und beschweren sich oder wollen Sonderregelungen erwirken, die wir aber nicht mehr genehmigen können. Diese Diskussionen kosten mich viel Zeit und ärgern mich, weil ich finde, das müsste Herr Vorsicht selbst vertreten und regeln können. Er müsste mutiger werden und unternehmerischer argumentieren – und seinen internen Kunden auf Augenhöhe begegnen.»

Der Coach schlägt jetzt vor, die Erwartungen an den Mitarbeiter zu konkretisieren, und nutzt dafür das Modell vom Inneren Führungsteam (vgl. Kapitel 1):

Angenommen, es ist einige Zeit vergangen und Herr Vorsicht hätte sich genau so entwickelt, wie Sie es von ihm erwarten, was wäre dann gewonnen:

- aus unternehmerischer Sicht?
- aus der Sicht des Experten?
- aus der Perspektive des (Team-)Coachs?
- für Sie ganz persönlich?

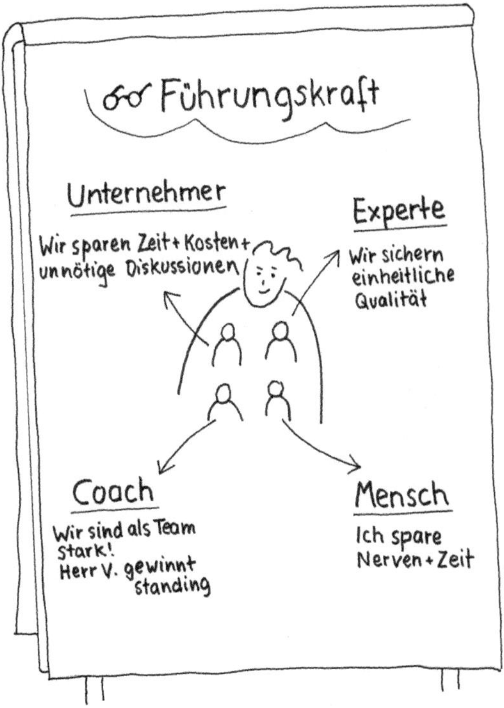

Die Perspektive von Frau Rechtling

Frau Rechtling findet daraufhin folgende Argumente:

«Wenn er diese Entwicklungsziele erreicht, sparen wir Arbeit und damit Zeit und Kosten. Dann halten sich auch die von Herrn Vorsicht betreuten Führungskräfte an die vorgegebenen Prozesse, und es gibt deutlich weniger Diskussionen und Nachfragen (Unternehmer). Damit sichern wir die nötige Qualität der Personalarbeit im Unternehmen (Experte). Die Stimmung im Team wird besser, weil sich keiner aus der Pflicht nimmt. Wir müssen uns als Abteilung nicht den Vorwurf gefallen lassen, dass es nur darauf ankommt, mit wem aus der Personalabteilung man spricht, um etwas zu erreichen (Teamcoach). Herr Vorsicht gewinnt Standing und Rollenflexibilität. Er lernt, mit Führungskräften auf Augenhöhe zusammenzuarbeiten und ggf. auch mal einen Konflikt zu riskieren (Coach).

Und ich persönlich muss mich weniger mit den Führungskräften abmühen und gewinne Zeit für angenehmere Aufgaben (Mensch).»

Perspektive des Mitarbeiters

Im nächsten Schritt geht es darum, die Coachee auch für die Situation und die Interessen des Mitarbeiters zu sensibilisieren:

- Angenommen, der Mitarbeiter wäre jetzt selber hier, wie würde er auf die folgenden Fragen antworten?
- Herr Vorsicht, wie alt sind Sie jetzt?
- Wie lange sind Sie schon im Unternehmen/in dieser Abteilung? Wofür genau sind Sie zuständig?

- Was können Sie besonders gut? Was macht Ihnen besonderen Spaß?

Diese einfachen Fragen kann man noch ohne große Einfühlung in den Mitarbeiter beantworten, und meistens befindet sich der Coachee bereits nach wenigen Antworten so weit in der Rolle des Mitarbeiters, dass er automatisch in der Ichform weiterspricht. Dann kann der Coach gezielt weiterfragen:

- Und wie stehen Sie zu Frau Rechtling? Was ist das für eine Führungskraft?
- Wie erleben Sie die Zusammenarbeit mit Frau Rechtling / mit den Kollegen im Team?
- Wie schätzen Sie selbst ihre Leistung ein? Worin sind sie gut? Was müssten Sie noch entwickeln?
- Was, glauben Sie, wird im Unternehmen zukünftig von Ihnen erwartet?
- Mit welchen Wünschen / Zielen / Erwartungen werden Sie ins Gespräch kommen?

Wenn der Rollentausch nicht so ohne Weiteres gelingt, bleibt der Coach bei den zirkulären Fragen und hilft damit, immer wieder den Perspektivwechsel vorzunehmen (Wenn ich Ihren Mitarbeiter fragen würde, was würde er antworten?).

Frau Rechtling hat sich beim Einfühlen in die Situation von Herrn Vorsicht aufrechter hingesetzt und ist im Stuhl etwas vorgerutscht. Sie beschreibt aus der Rolle von Herrn Vorsicht: «Ich bin jetzt 35 und schon einige Jahre länger im Unternehmen als

Frau Rechtling. Ich habe im Unternehmen bereits eine kaufmännische Ausbildung absolviert und wurde frühzeitig in der Personalabteilung als Sachbearbeiter übernommen. Anschließend habe ich eine berufsbegleitende Weiterbildung zum Personalfachwirt gemacht. Fachlich bin ich gut, meinen Job mache ich gerne. Frau Rechtling – na ja, das weiß man noch nicht so genau, wie's mit der wird. Man hört ja, dass sie sich gut durchsetzen kann und nach oben gute Kontakte hat. Hoffentlich kann die uns etwas besser nach oben vertreten, als der letzte HR-Director! Aber ich komme mit ihr klar, ich komme mit allen gut klar, das ist mir wichtig! Im Team bin ich beliebt, und meine internen Kunden mögen mich auch, da gibt es kein böses Wort. Meine Ziele und Erwartungen? Danach hat mich hier lange keiner mehr gefragt. Ich wünsche mir mehr Anerkennung für meine Arbeit im Team und von meinen Kunden – und mittelfristig möchte ich gerne Business-Partner werden (eine interne fachliche Karrieremöglichkeit, die mit mehr Kompetenzen, Anforderungen und Vergütung verbunden ist). Ich würde vielleicht auch gerne noch internationaler arbeiten – ich spreche ja sehr gut Englisch und war früher auch schon mal länger im Ausland.»

Wenn Frau Rechtling sich nicht sicher ist, ob sie Herrn Vorsicht beim Rollentausch richtig erfasst hat, sollte der Coach sie entlasten: Einerseits muss man ja nicht alles über den Mitarbeiter wissen – und andererseits bietet alles, was man in der Einfühlung nicht genau beantworten kann und worüber man nur Phantasien hat, einen guten Anlass, den Mitarbeiter zu fragen und genauer kennenzulernen.

Gesprächsvorbereitung von Frau Rechtling

Ziele und Erfolgskriterien für das Gespräch

Zum Abschluss der inhaltlichen Vorbereitung regt der Coach an, noch einmal die Ziele und Erfolgskriterien für das Gespräch auf den Punkt zu bringen:

- Auf der Basis aller bisherigen Erkenntnisse: Was möchten Sie mit dem Gespräch minimal/maximal erreichen? Wann war das Gespräch für Sie erfolgreich?
- Was möchten Sie im Gespräch auf den Punkt bringen/vereinbaren?
- In welcher Atmosphäre soll das Gespräch stattfinden?
- Wie wollen Sie vorgehen? Worauf wollen Sie besonders achten?
- Was wird Ihre persönliche Herausforderung sein?

Frau Rechtling hat durch die Klärung ihrer Erwartungen und durch die Einfühlung in den Mitarbeiter schon einige Ideen für das Gespräch gewonnen.

Für sie wäre das Gespräch erfolgreich, wenn Herr Vorsicht akzeptiert, dass er im Umgang mit internen Kunden unternehmerischer argumentieren und konfliktbereiter auftreten muss, obwohl ihm das persönlich nicht liegt. Sie möchte erreichen, dass er sich selbst darüber Gedanken macht, wie er das am besten lernen kann, und bereit ist, über seine Erfahrungen mit ihr zu sprechen.

Sie nimmt sich vor, im Gespräch zunächst herauszufinden, was Herr Vorsicht möchte und welchen Entwicklungsbedarf er selber sieht. Sie möchte erfahren, was ihm an der Arbeit

Spaß macht, was ihm schwerfällt und was er generell erreichen möchte. Erst danach will sie ihre Beobachtungen und Erwartungen ansprechen.

Dabei rechnet sie mit drei Herausforderungen. Es könnte ihr schwerfallen,

- geduldig zuzuhören, da sie doch genau weiß, was sie erreichen will,
- nachvollziehbar zu begründen, wie wichtig es ist, dass er seinen Kunden gegenüber durchsetzungsstark auftreten muss und
- Ideen zu entwickeln, wie Herr Vorsicht seinen Lernprozess organisieren kann.

Frau Rechtling kann sich nicht vorstellen, wie man als Erwachsener noch Durchsetzungsstärke und Konfliktfähigkeit lernen kann: «Entweder hat man's, oder man hat es nicht.»

Der Coach erklärt daraufhin: Natürlich könne man das lernen, wenn man ausreichend motiviert ist und die Rahmenbedingungen stimmen. Ähnlich wie bei ihr selbst ginge es ja auch für Herrn Vorsicht darum, etwas zu entwickeln, was bisher (noch) nicht zur Person passt, in der Rolle aber notwendig ist. Sie würde sich ja auch – weil es zur Rollenanforderung gehöre – auf kleinteilige und persönliche Gespräche mit Mitarbeitern einlassen, obwohl ihr das eigentlich gar nicht liege. Insofern komme es darauf an, die Anforderung gut zu begründen, damit sie rational verstanden und emotional akzeptiert werden kann. Im Dialog mit Herrn Vorsicht wäre es dann wichtig, ihn selbst überlegen zu lassen, wie er in der Rolle mehr Standing und Konfliktbereitschaft entwickeln kann und was ihn dabei unterstützen könnte – dafür müsse sie noch keine fertigen Lösungen parat haben.

Diskussion

Die Visualisierung zu den vier Fragen hilft dem Coachee, das Wesentliche auf den Punkt zu bringen. Gleichzeitig bietet sie eine sichtbare Orientierungshilfe, wenn das Gespräch anschließend im Rollenspiel trainiert werden soll. In unserem Fallbeispiel hatten Coach und Coachee durch die vorangegangene Team- und Mitarbeiteranalyse bereits viele Informationen gesammelt, die nur noch einmal verdichtet werden mussten. Diese Strukturierungshilfe der vier Felder hat sich aber auch bewährt, wenn vor einem Gespräch keine Zeit bleibt für größere Analysen und der Coachee sich trotzdem angemessen vorbereiten möchte, z. B. auf ein kritisches Feedback oder eine Klärung der Rollenerwartungen. Viele Führungskräfte schätzen die Reduktion auf die vier Fragen als effiziente Vorbereitungshilfe und nutzen sie dann auch in ihrem Arbeitsalltag.

3.3 Das Gespräch führen

Nach der inhaltlichen Vorbereitung kann die konkrete Gesprächsführung im Rollenspiel mit dem Coach geübt und trainiert werden.

Wenn es aus dem Unternehmen keinen passenden Leitfaden für solche Entwicklungsgespräche gibt, bieten wir dem Coachee eine – möglichst einfache! – Struktur zur Orientierung an und unterscheiden vier Schritte im Gespräch:

- Kontakt und Orientierung herstellen
- Situation und Ziele klären
- Lösungen entwickeln
- Transfer sichern

Kontakt und Orientierung herstellen

Ziel der ersten Gesprächsphase ist es, eine gute Basis für den Dialog zu schaffen und ein Einverständnis zum Vorgehen herzustellen. Hier ist die Frage: Wie gut gelingt es der Führungskraft, einen freundlichen Kontakt herzustellen und Thema, Anlass und Ziel des Gesprächs prägnant zu vermitteln?

Situation und Ziele klären

Jetzt geht es darum, die vorhandenen Kompetenzen und bisherigen Leistungen des Mitarbeiters zu würdigen, eine gemeinsame Sicht der Situation herzustellen und sich über zukünftige Anforderungen und Entwicklungsziele für den Mitarbeiter zu verständigen.

In dieser Gesprächsphase liegt für die meisten Führungskräfte die größte Herausforderung: Gelingt es, die Selbsteinschätzung des Mitarbeiters interessiert aufzunehmen – auch wenn man sie nicht unbedingt teilt – und genauer nachzufragen, welche Gedanken sich der Mitarbeiter selbst macht? Und schafft es die Führungskraft einerseits, die Ressourcen und Kompetenzen des Mitarbeiters angemessen zu würdigen und andererseits auch Entwicklungsrichtung und Lernziele nachvollziehbar anzusprechen und plausibel aus den Rollenanforderungen zu begründen?

Kommen dabei beide ausreichend zu Wort? Sind die Redeanteile balanciert? Wird das Wesentliche auf den Punkt gebracht? Wird dem Mitarbeiter klar, was zukünftig wichtig ist und woran der Erfolg gemessen werden soll? Und bleibt das Klima respektvoll und wertschätzend, auch wenn etwas Kritisches angesprochen werden muss?

Lösungen entwickeln

Dann geht es auf der Inhaltsebene um Ideen und Maßnahmen: Wie können die Entwicklungsziele am besten erreicht werden? Was kann der Mitarbeiter selber erreichen? Wo braucht er Unterstützung? Wie genau könnte das aussehen? Würde regelmäßiges Feedback schon ausreichen? Oder braucht es eine Schulung, Hospitation, ein Training on the Job? Kann die Führungskraft helfen mit weiteren Entwicklungsgesprächen? Oder geht es eher um Wissenstransfer im Team oder um kollegiale Beratung etc.?

Ob das Gespräch erfolgreich sein wird, entscheidet sich aber maßgeblich auf der Beziehungsebene: Hat die Führungskraft dem Mitarbeiter Zeit gelassen zum Nachdenken – oder das Gespräch mit eigenen Ideen dominiert? Finden Führungskraft und Mitarbeiter gemeinsame Lösungen, die von beiden akzeptiert werden können?

Transfer sichern

Zum Abschluss des Gesprächs muss es gelingen, klare und verbindliche Vereinbarungen zum weiteren Vorgehen zu treffen und das Gespräch zu einem guten Abschluss zu bringen, z. B.

durch eine motivierende Zusammenfassung oder ein wertschätzendes Feedback.

Kontakt und Orientierung schaffen	**Situation und Ziele klären**	**Lösungen entwickeln**	**Transfer sichern**
Kontakt finden	Selbsteinschätzung und Fremdeinschätzung des Mitarbeiters abgleichen	Ressourcen nutzen	Fazit ziehen, zusammenfassen
Thema und Anlass nennen	Entwicklungsziele des Mitarbeiters erfragen	Lösungsideen sammeln	Aufwand, Einwände und Risiken prüfen
Ziele und Rahmen des Gesprächs klären	Führungssicht aufzeigen und begründen	Lösungsoptionen durchspielen	Umsetzung konkretisieren
Einverständnis überprüfen	Entwicklungsziele formulieren und Kontrakt finden	Lösungsoptionen bewerten	Feedback zum Gespräch

Schritte im Entwicklungsgespräch

Nachdem die vier Gesprächsphasen kurz erklärt worden sind, fragen wir den Coachee, welche Phase für ihn besonders herausfordernd ist bzw. mit welcher er im Rollenspiel einsteigen möchte.

Der Coach kann dann die Rolle des Mitarbeiters übernehmen und mit Nachfragen und Einwänden reagieren, wenn ihm etwas nicht plausibel scheint. Er gibt dem Coachee nach kurzen Rollenspielsequenzen immer wieder Feedback zur Wirkung seiner Gesprächsführung: Was ist gut gelungen, womit erreicht er den Mitarbeiter? Was führt eher zu Verwirrung, Angst oder Abwehr?

Frau Rechtling aus unserem Fallbeispiel findet im Rollenspiel einen passenden Einstieg, indem sie zuerst die Stärken von Herrn Vorsicht benennt und sich dann mit offenen Fragen nach seinem Lernbedarf erkundigt. Es gelingt ihr im weiteren Verlauf des Gesprächs gut, den Entwicklungsbedarf mit Beispielen zu begründen. Der Coach reagiert in der Rolle von Herrn Vorsicht immer wieder mit kleinen Einwänden und Nachfragen (ich weiß jetzt nicht genau, wie Sie das meinen …), sodass sie gezwungen ist, klar Stellung zu nehmen und ihre Erwartungen auf den Punkt zu bringen.

Viel schwerer als das Argumentieren fällt Frau Rechtling die passivere Seite der Gesprächsführung. Im Rollenspiel unterbricht sie Herrn Vorsicht immer wieder und übernimmt die Gesprächssteuerung, wenn er noch mitten im Gedankengang ist. Erst als der Coach unterbricht und sie bittet, mal die Rollen zu tauschen und das Gespräch aus der Perspektive von Herrn Vorsicht zu erleben, bemerkt sie ihre Dominanz.

Der Coach zeigt dann eine alternative Gesprächsführung, indem er Herrn Vorsicht aufmerksam zuhört, interessiert nachfragt und zusammenfasst, was er verstanden hat.

Frau Rechtling reagiert spontan: «Ja, das ist natürlich viel besser, aber das könnte ich so nicht.» Sie fürchtet, den roten Faden zu verlieren und damit auch die Kontrolle über das Gespräch, wenn sie sich allzu sehr auf Herrn Vorsicht einlässt. In den weiteren Übungssequenzen – wieder in ihrer Rolle als Führungskraft – versucht sie dann noch einmal gezielt, geduldiger zuzuhören und interessiert nachzufragen. Dabei merkt sie, dass es nicht zum befürchteten Chaos führt, wenn sie dem Mitarbeiter länger in seinen Überlegungen folgt, sondern im Gegenteil bewirkt, dass er selbst mit Lösungsvorschlägen kommt.

Diskussion

Für die meisten Führungskräfte ist es sehr herausfordernd, in Entwicklungsgesprächen einerseits den Mitarbeiter bei seinen Vorstellungen abzuholen und ihn einzubinden und andererseits die Entwicklungsanforderungen aus Unternehmenssicht überzeugend deutlich zu machen.

Der Coach kann dabei helfen, indem er wiederkehrend Übungssituationen zu den vier Gesprächsphasen anbietet, in denen der Wechsel von Zuhören und Stellungnehmen ebenso trainiert werden kann wie die gemeinsame Lösungssuche oder auch das Treffen klarer Vereinbarungen.

In vielen Unternehmen wird das Entwicklungsthema in den jährlich stattfindenden Mitarbeitergesprächen mit Leistungsbeurteilung und Gehaltsfindung verknüpft. Dadurch wird es für beide Seiten schwerer, wirklich offen über Stärken, Schwächen und Entwicklungsanforderungen des Mitarbeiters zu sprechen, weil im Hintergrund immer die Frage der Gehaltsfindung mitspielt. Der Coach sollte deshalb unbedingt vorab klären und berücksichtigen, welche formalen Führungsinstrumente wie Beurteilungs- und Zielvereinbarungsprozesse im Unternehmen genutzt werden, und mit dem Coachee überlegen, wie er bessere

Voraussetzungen für ein ehrliches Entwicklungsgespräch schaffen kann, z. B. indem er das Entwicklungsthema entweder vom üblichen Beurteilungs- und Gehaltsgespräch abkoppelt oder ihm zumindest mehr Raum und Bedeutung gibt.

3.4 Konstruktiv Feedback geben

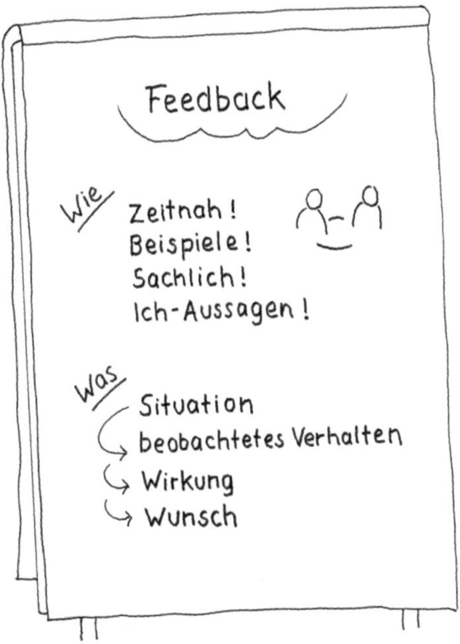

Entwicklungsgespräche sollten im Idealfall von vielen unterjährigen Feedbackgesprächen unterfüttert sein. Ein konstruktives Feedback gibt Mitarbeitern Orientierung und schafft ein vertrauensvolles, leistungsförderndes Klima. Wenn Führungskräfte regelmäßig Anerkennung aussprechen, Kritisches ansprechen und die Zusammenarbeit klären, fördern sie damit in ihrem Bereich ein Lernklima, in dem persönliche Entwicklung zu einer selbstverständlichen Leistungsanforderung wird.

Vielen Führungskräften fällt es aber schwer, ihren Mitarbeitern regelmäßig konstruktives Feedback zu geben. Einerseits müssten sie sich dafür in der operativen Hektik des Arbeitsalltages etwas Zeit nehmen, und andererseits fehlen oft auch Ideen und Übung, wie sie Feedback so geben können, dass es möglichst fördernd und motivierend wirkt – und gleichzeitig klar in der Sache ankommt.

Der Coach kann also viel dazu beitragen, dass Führungskräfte sich beim Feedbackgeben methodisch sicher fühlen und dem Thema in den alltäglichen Mitarbeiterkontakten mehr Bedeutung geben.

Um Führungskräfte im Coaching auf konstruktive Feedbackgespräche einzustimmen, sprechen wir zunächst mit dem Coachee über den Sinn und die Bedeutung von Feedback als zentralem Führungsinstrument und fragen nach den eigenen Erfahrungen damit:

- Wann haben Sie selbst das letzte Mal positives Feedback bekommen – wie hat es gewirkt, bzw. was hat es bei Ihnen bewirkt?
- Wann haben Sie das letzte Mal kritisches Feedback bekommen – wie hat es gewirkt, bzw. was hat es bei Ihnen bewirkt?
- Wie muss ein Feedback beschaffen sein, damit Sie es annehmen und nutzen können?

Dann kommen in der Regel vom Coachee Aussagen wie: «Es muss zeitnah sein, ich brauche Beispiele, um es nachzuvollziehen, es sollte sachlich sein und nicht verletzend, man sollte nur Verhalten kritisieren, nicht die Person» etc. Meist ergänzen wir noch einige Erfolgsfaktoren, die ein wirkungsvolles Feedback ausmachen, sodass eine gemeinsame Liste entsteht. Für das konkrete Wording im Gespräch empfehlen wir dem Coachee dann, vier Aspekte zu unterscheiden und möglichst genau zu beschreiben:

- Die Situation, in der etwas Kritisches aufgefallen ist,
- das beobachtete Verhalten,
- die Wirkung, die dieses Verhalten erzeugt hat, und
- den Wunsch bzw. die Erwartung an den Mitarbeiter.

Frau Rechtling aus unserem Fallbeispiel konkretisiert daraufhin, in welchen Situationen sie das unfreundliche und fast diktatorische Verhalten von Frau Rambow als besonders unpassend wahrnimmt, welche Wirkung sie damit erzielt, warum es aus Führungssicht so nicht hinnehmbar ist und welchen Wunsch bzw. welche Erwartung sie an die Mitarbeiterin hat: «Im gestrigen Meeting mit dem Bereichsleiter König sind Sie ihm mehrfach ins Wort gefallen und haben ihre Argumentation mit drastischen Worten wie ‹das versteht sogar mein kleiner Junge› oder ‹da müssen Sie eben mal Ihren Job machen› wiederholt.» (**Wahrnehmung**)

«Das wirkt aus meiner Sicht unhöflich, beleidigend und von oben herab. Auch Herr König wirkte ausgesprochen irritiert und zog sich zusehends zurück. In der Konsequenz kann sich die Beziehung zu ihm für unser ganzes Team verschlechtern, und es könnte bei wichtigen Zukunftsthemen schwieriger werden, konstruktiv mit ihm zusammenzuarbeiten.» (**Wirkung**)

«Ich wünsche mir (erwarte von Ihnen), dass Sie sich in solchen Situationen höflicher und respektvoller verhalten!» (**Wunsch/ Erwartung**)

Kritisches konstruktiv ansprechen

Wenn man bei kritischen Rückmeldungen befürchten muss, den Mitarbeiter zu kränken und die Arbeitsbeziehung damit zu belasten, empfehlen wir ein etwas erweitertes Vorgehen, das wir aus dem Modell des Wertequadrates abgeleitet haben (vgl. Schulz von Thun 1998 und 2000; Fischer-Epe 2001/2011). Wir unterscheiden dann mit dem Coachee drei Eckpunkte, die später im Gespräch gezielt angesprochen werden können:

- das **störende Verhalten,**
- den **positiven Kern** dieses Verhaltens und
- die gewünschte **Entwicklungsrichtung.**

Zur Gesprächsvorbereitung empfehlen wir Führungskräften, die drei Aspekte vorher kurz schriftlich zu formulieren, so dass sie später im Gespräch präsent sind. Zunächst wird das **kritische Verhalten** auf den Punkt gebracht:

- Was stört genau?
- Welches Verhalten stört in welchen Situationen besonders?
- Welche negativen Auswirkungen hat das?

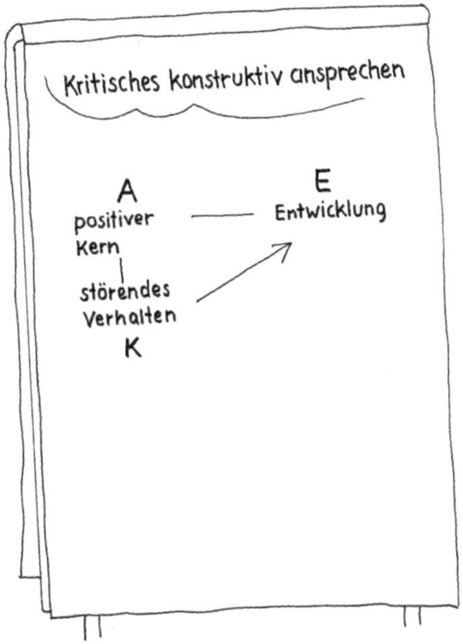

Entwicklungsdreieck (vgl. Schulz von Thun 1998)

Dann unterstellen wir, dass jedes Verhalten, und sei es in der konkreten Situation noch so negativ, einen positiven Kern enthält. Für ein konstruktives kritisches Feedback ist es sehr hilfreich, diesen positiven Kern zu erkennen und zu benennen. Oft weicht die formulierte Kritik vom Selbstbild des anderen ab, das tendenziell immer etwas positiver ausfällt als die Sicht von außen. Die Mitarbeiterin aus unserem Fallbeispiel empfindet sich selbst vermutlich nicht als unhöflich und würde sich vielleicht eher als direkt, argumentationssicher und durchsetzungsstark beschreiben. Wenn die Führungskraft diesen positiven Kern erkennt und benennen kann, holt sie ihre Mitarbeiterin dort ab, wo sie sich selbst sieht. Deshalb suchen wir mit dem Coachee nach dem **positiven Kern** des kritischen Verhaltens:

- Welche Kompetenz oder Ressource erkennen Sie – trotz Ihrer Kritik – in dem störenden Verhalten des Mitarbeiters?

Auf diese Weise erscheint das kritische Verhalten in einem anderen Licht: Es ist nicht grundsätzlich schlecht, sondern nur «des Guten zu viel». Es geht dann weniger darum, ein störendes Verhalten (unhöflich, respektlos) zu bekämpfen, sondern eher darum, eine ergänzende Verhaltenskompetenz (wertschätzend, taktvoll, respektvoll etc.) zu entwickeln und in Balance zu bringen mit einer bereits vorhandenen Kompetenz (direkt).

Im dritten Schritt beschreibt man deshalb die gewünschte **Entwicklungsrichtung**, also die ergänzende Kompetenz, die dem Mitarbeiter aus Sicht der Führungskraft fehlt:

- Welche ergänzende Kompetenz müsste der Mitarbeiter stärker entwickeln?

Die drei Eckpunkte des Entwicklungsdreiecks lassen sich zusammenfassen zu der Formel

Akzeptanz + Konfrontation = Entwicklung

und bieten damit eine gute Orientierung für das kritische Feedback. Mit Hilfe dieses «Entwicklungsdreiecks» kann Frau Rechtling aus unserem Fallbeispiel das Feedback an ihre Mitarbeiterin etwas kränkungsfreier formulieren, weil sie den positiven Kern und das Entwicklungsziel in einen Zusammenhang stellen kann:

- «In vielen Situationen schätze ich Ihre Direktheit, bei Ihnen weiß man immer, woran man ist. Durch Ihre offene Kritik tragen Sie entscheidend dazu bei, dass wir Fehler frühzeitig erkennen» (**positiver Kern/Akzeptanz**).

- «Im gestrigen Meeting mit dem Bereichsleiter König war es allerdings zu viel des Guten: Da sind Sie ihm mehrfach ins Wort gefallen und haben ihre Argumentation mit drastischen Worten, wie ‹das versteht sogar mein kleiner Junge› oder ‹da müssen Sie eben mal Ihren Job machen› wiederholt. Das wirkt dann aus meiner Sicht unhöflich, beleidigend und von oben herab. Auch Herr König wirkte ausgesprochen irritiert und zog sich zusehends zurück. Das hat möglicherweise zur Konsequenz, dass die Beziehung zu Herrn König für unser ganzes Team immer schlechter wird und wir so auch bei zukünftigen Themen Schwierigkeiten haben werden, konstruktiv mit ihm zusammenzuarbeiten» (**Konfrontation** mit Wahrnehmung und Wirkung).

- «Ich wünsche mir (erwarte von Ihnen), dass Sie in solchen Situationen Ihre Themen nicht nur klar in der Sache vorbringen, sondern dazu auch höflich, respektvoll und wertschätzend im Ton!» (**Entwicklung**swunsch/Erwartung).

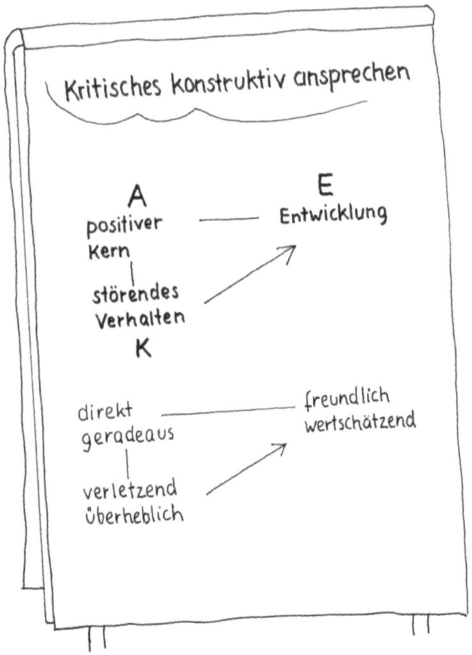

Entwicklungsdreieck für Frau Rambow

Diskussion

Beide Vorgehensweisen helfen den Führungskräften dabei, ihre Rückmeldungen zu differenzieren und die Erwartungen an den Mitarbeiter nachvollziehbar zu begründen. Das Entwicklungsdreieck hilft Führungskräften darüber hinaus, bei kritischen Rückmeldungen Kränkungen und Entwertungen zu vermeiden. Indem der positive Kern (A) und die ergänzende Verhaltenskompetenz (E) immer mitgedacht werden, wird eine wertschätzende und entwicklungsorientierte Haltung gefördert. Die Formel **Akzeptanz + Kritik = Entwicklung** prägt sich leicht ein und ist dadurch im Arbeitsalltag schnell präsent, um besonders kritische Rückmeldungen angemessen und konstruktiv geben zu können. Damit erhöht sich die Chance, dass der Mitarbeiter sich mit der Kritik und vor allem mit der gewünschten Verhaltensänderung ernsthaft auseinandersetzt.

3.5 Führungskraft als Coach

Begriffskombinationen mit «Coaching», wie «Führungskraft als Coach», sind sehr verbreitet. Es scheint kaum noch ein Dienstleistungsfeld zu geben, das sich zu Vermarktungszwecken nicht mit dem Wort «Coaching» schmückt. Es gibt den Ernährungscoach, den Schauspielcoach, den Paarcoach, den Geburtscoach. Es gibt Trennungscoaching, Konfliktcoaching, Hundecoaching, Auracoaching, Powercoaching etc. Das wirkt zuweilen irritierend und weckt nicht selten auch falsche Erwartungen.

Da auch von Führungskräften erwartet wird, dass sie als Coach tätig werden sollen, und sich das, was sie tun sollen, ja irgendwie unterscheiden lassen müsste von dem, was all die anderen Coaches tun, möchten wir diese Anforderung an Führungskräfte etwas genauer unter die Lupe nehmen.

Als Coaching bezeichnet man in amerikanischen Unternehmen seit den 1970er Jahren auch einen personen- und **entwicklungsorientierten Führungsstil**, durch den Mitarbeiter zur Verbesserung ihrer Leistungsfähigkeit und zur persönlichen Weiterentwicklung angeregt werden sollen. Dieser Gedanke wurde in

Deutschland seit Mitte der achtziger Jahre unter dem Begriff **Führungskraft als Coach** aufgenommen und weiterentwickelt. Die Forderung, dass Führungskräfte ihre Mitarbeiter nicht nur fachlich anleiten, sondern auch entwicklungsunterstützend «coachen» sollen, hat sich zunächst besonders im Vertrieb etabliert und allmählich auf alle Führungsbereiche ausgeweitet. Vor dem Hintergrund der Diskussionen um eine Demokratisierung in der Führung und dem Anspruch einer Führung auf Augenhöhe gewinnen Coaching-Kompetenzen für Führungskräfte heute zunehmende Bedeutung. Oft fehlen aber genauere Vorstellungen, was damit gemeint ist.

Was sollten Führungskräfte über Coaching wissen? Wie verträgt sich die Coaching-Idee mit der Führungsrolle und welche Coaching-Kompetenzen brauchen Führungskräfte in der Gesprächsführung mit Mitarbeitern? Wie können diese Kompetenzen gelernt werden? Was unterscheidet ein Coaching in der Führungsrolle von einem Coaching durch einen externen Berater?

Während ein externer Coach neutral und diskret arbeiten und andere Erfahrungen und Perspektiven einbringen kann, hat eine Führungskraft den Vorteil der besseren Fach- und Feldkenntnis und der viel größeren Transfernähe: Die Gespräche lassen sich leichter in den Arbeitsalltag einbetten und die Effekte schneller und nachhaltiger überprüfen.

Im Unterschied zum externen Coach, der seinem Coachee als neutraler Gesprächspartner begegnen kann, müssen Führungskräfte aber nicht nur die Entwicklung von Mitarbeitern fördern, sondern auch deren Leistungen einfordern und beurteilen. Im Dilemma zwischen Fordern und Fördern entscheiden sie maßgeblich auch über die Karriere- und Entwicklungsmöglichkeiten ihrer Mitarbeiter. Insofern können sich Mitarbeiter gegenüber ihrer Führungskraft niemals so frei fühlen wie gegenüber einem externen Coach, der sich diskret und unabhängig in den Dienst des Coachees stellen kann. Und ebenso können sich Führungskräfte gegenüber ihren Mitarbeitern nicht so frei und unabhängig verhalten wie ein externer Coach gegenüber seinem Coachee (vgl. Fischer-Epe 2002/2011, Fischer-Epe 2012).

Insofern empfehlen wir Führungskräften, im Unternehmensumfeld nicht unbedingt von Coaching zu sprechen, sondern von einer «coachenden Haltung» und von «Coaching-Elementen», die in Führungsgesprächen und auch in Teamworkshops zum Einsatz kommen können (vgl. Kapitel 3, 4 und 5).

Häufig ergeben sich die Themen im Rahmen von Mitarbeiterentwicklungsgesprächen, wie wir sie oben am Beispiel von Frau Rechtling beschrieben haben. Entweder bittet ein Mitarbeiter selbst um Unterstützung, oder die Führungskraft bietet aktiv eine unterstützende Begleitung an und vereinbart gezielte Folgegespräche. Themen und Gesprächsanlässe, die von Führungskräften auch Coaching-Kompetenzen erfordern, können z. B. sein:

- Einarbeitung / Vorbereitung von Mitarbeitern auf neue Funktionen und Herausforderungen,
- Verbesserung der persönlichen Arbeitsorganisation bzw. der fachlichen Performance,
- kritisches Verhalten und Konflikte im Umgang mit Kunden, Kollegen, Vorgesetzten, Nachbarabteilungen etc., mangelndes Zutrauen, Motivationsverlust, Überforderung / Unterforderung.

Rahmenbedingung Führungskonzept

Um bei der fördernden Begleitung in der Rolle des Coachs Akzeptanz zu finden, brauchen Führungskräfte zunächst ein schlüssiges Konzept zur Entwicklung des Teams und jedes einzelnen Mitarbeiters im Sinne der strategischen Unternehmens- und Bereichsziele. Besonders dann, wenn Mitarbeiter nicht aus eigenem Antrieb nach Unterstützung bei ihrer persönlichen Entwicklung suchen, sollten sich die von ihnen geforderten Entwicklungen nachvollziehbar aus den Unternehmenszielen erklären und ableiten lassen (vgl. Kapitel 3.1).

In die Coaching-Haltung wechseln

Wenn sich Führungskraft und Mitarbeiter über die Entwicklungsziele verständigt haben und die Führungskraft den Mitarbeiter unterstützen will, individuell passende Lösungen und Lernwege zu finden, muss sie eine Coaching-Haltung einnehmen können. Das bedeutet zunächst einmal die persönliche Bereitschaft und Fähigkeit, sich situativ aus der Unternehmer- oder Expertenrolle zu lösen und in einen anderen Modus umzuschalten, weg vom Problemlöser, der die richtigen Antworten kennt – hin zum Prozessbegleiter, der wirkungsvolle Fragen stellt. Dazu gehört,

- als **Lernpartner** mit Mitarbeitern auf die Suche zu gehen, statt als Fachexperte oder Hierarch alles bestimmen zu wollen,
- eigene Lösungsideen zurückzustellen und stattdessen **Zeit** zu investieren in die **eigenständigen Lösungsideen des Mitarbeiters**,
- **diskret** umzugehen mit persönlichen Informationen und
- Identifikation, Motivation und **Selbstverantwortung des Mitarbeiters zu stärken**, **Mut** zu machen und **Zuversicht** zu vermitteln.

Allerdings sollte den Beteiligten bewusst sein, dass die Führungsrolle zu keinem Zeitpunkt abgelegt werden kann, auch wenn der Gesprächsstil partnerschaftlich ist. Führungskräfte sollten deshalb im Sinne eines situativen Führungsstils bewusst entscheiden und klar kommunizieren, wann sie etwas vorgeben und durchsetzen müssen – und wann sie ihren Mitarbeitern Freiheiten für Entscheidungen oder für die Erarbeitung eines eigenen Lösungsweges einräumen können und wollen.

Und natürlich gibt es im Führungsalltag viele Situationen, wo Anleitung und Unterweisung angemessener sind als ein coachender Führungsstil – z. B. wenn Mitarbeiter aufgrund fehlender Erfahrung oder Einarbeitung noch gar nichts entscheiden können. Oder wenn es zunächst darum geht, Mitarbeiter von etwas zu überzeugen und für ein Ziel zu gewinnen. Führungskräfte müssen also **situativ entscheiden, welcher Führungsstil** der jeweiligen Situation angemessen ist (vgl. Hersey u.a. 2013). Sie sollten sich hüten, klare Vorgaben durch eine scheinbare Coaching-Attitüde zu verschleiern nach dem Motto: «Ich coache den Mitarbeiter so, dass er schon selbst auf die richtige Lösung kommt, die ich letztlich sowieso durchsetze.»

Gesprächskompetenz

Mitarbeiterführung besteht zum überwiegenden Teil aus Gesprächen. Coaching-Kompetenz im Gespräch bedeutet, eine Atmosphäre des Nachdenkens zu fördern, in der Mitarbeiter Handlungsoptionen und eigenständige Lösungen entwickeln können, anstatt nur etwas anzuweisen oder durchzusetzen.

Eine coachende Führungskraft stellt **öffnende, anregende und konstruktive (lösungsorientierte!) Fragen, hört aktiv zu und lässt Raum fürs Nachdenken** – was für viele Führungskräfte schon eine echte Herausforderung bedeuten kann. Sie **betont Ressourcen**, hält auch mal Lösungslosigkeit aus, gibt **konstruktives Feedback** und interessiert sich nicht nur für Ergebnisse, sondern auch für den **Lernprozess** des Mitarbeiters oder des Teams. Dabei geht sie **strukturiert** vor und behält die Übersicht.

In diesen Gesprächen ist es nicht immer einfach, das Fordern von Leistungen mit dem Fördern von Entwicklung angemessen zu verbinden. Inhaltlich stehen vielleicht Kritik und Anforderung im Raum. Aber sobald Kränkung und Angst das Gespräch dominieren, wird kein offenes Nachdenken entstehen. Nur wenn die Führungskraft ein glaubhaftes Interesse an der Förderung und Unterstützung des Mitarbeiters vermitteln kann, wird ein konstruktiver Lernprozess möglich.

Die Herausforderung heißt also, auch dann auf der Beziehungsebene konstruktiv, wertschätzend und verbindlich zu bleiben, wenn man auf der Inhaltsebene Kritik äußert oder Veränderungen fordert. Mitarbeiter können Kritik, Konfrontationen und Forderungen in der Regel leichter akzeptieren, wenn Führungskräfte ihr Handeln plausibel aus den unterschiedlichen Aspekten ihrer Rolle begründen: «**Menschlich** verstehe ich, dass diese Veränderung lästig ist, vieles ist neu, unsicher und unklar. **Aus unternehmerischer Sicht** geht an dieser Veränderung aber kein Weg vorbei, wir sind darauf angewiesen. **Fachlich** bedeutet es eine gewaltige Anstrengung für uns alle und insbesondere für Ihren Verantwortungsbereich. Als **Teamcoach** sehe ich aber auch viele Chancen für gemeinsames Lernen. Am Ende wird Ihr Kompetenzprofil dadurch wachsen. Ich würde Sie gern darin unterstützen, wie Sie diese neuen Anforderungen am besten umsetzen können.»

Wenn man als Führungskraft selbst in ein kritisches Thema involviert oder aus der Sicht des Mitarbeiters vielleicht sogar Auslöser von Problemen ist, muss man besonders **gut zuhören** und **kritisches Feedback annehmen und angemessen verarbeiten** können. Es muss der Führungskraft gelingen, auch verdeckt mitgeteilte Kritik wahrzunehmen, ernst zu nehmen und bei Bedarf in eine gegenseitige **Klärung der (Rollen-)Erwartungen** zu überführen. Mindestens ebenso wichtig ist die Fähigkeit, Mitarbeitern präzise und vor allem **konstruktiv Feedback zu geben** (vgl. 3.4).

Das gilt natürlich ebenso im Umgang mit Gruppen und Teams. Hier bedeutet Coaching-Kompetenz, **Kooperationsprozesse und Beteiligung** zu fördern und Besprechungen und Meetings eher zu **moderieren**, statt sie ausschließlich steuernd zu dominieren (vgl. Kapitel 4).

Wie können Coaching-Kompetenzen in der Führungsrolle gelernt werden?

Coaching-Kompetenz, insbesondere eine coachende Gesprächsführung, lässt sich im Prinzip leicht erwerben, wenn im Unternehmen ein coachender Führungsstil auch gefördert wird. Hilfreich sind gezielte Trainingsangebote, in denen Führungskräfte lernen können, Gespräche im Coaching-Modus zu führen, ressourcen- und lösungsorientiert zu fragen, aufmerksamer zuzuhören, konstruktiv Stellung zu nehmen und Feedback zu geben, Gespräche zu moderieren.

Es gibt unzählige Anlässe im Führungsalltag, in denen man trainieren kann, interessiert und aufmerksam zuzuhören, lösungsorientierte Fragetechniken einzusetzen und die Lösungsverantwortung stärker beim Mitarbeiter zu belassen.

Nachhaltige Verhaltensänderungen bei Mitarbeitern sind allerdings nicht auf Knopfdruck zu erreichen. Sie brauchen Zeit und Geduld, d.h. wiederkehrende Trainings- und Feedback-Möglichkeiten. Führungsgespräche, ebenso wie Sitzungen oder Workshops, müssen sorgfältiger vorbereitet werden und erfordern mehr Konzentration, wenn sie die Selbstorganisation und Entwicklung von Mitarbeitern fördern sollen. Führungskräfte, die sich trotz operativem Druck für diese Gespräche Zeit nehmen, sollten dafür auch eine Rückendeckung vom Vorgesetzten und aus dem Unternehmensumfeld bekommen.

Neben Training und Selbsttraining kann auch das geschützte Übungsfeld im Einzelcoaching einen geeigneten Lernraum bieten, um Führungskräften Coaching-Kompetenzen zu vermitteln. Der Coach kann Vorbild und Modell sein für eine alternative Gesprächsführung und den Coachee durch Praxisübungen und wiederkehrendes Feedback aufmerksam machen, wenn er in den kontrollierenden, wissenden oder zupackenden Modus zurückfällt, während eher ein coachender Modus sinnvoll wäre (vgl. Kapitel 3.2).

Frau Rechtling aus unserem Fallbeispiel erwartet von ihrem Mitarbeiter Herrn Vorsicht, dass er Rollenbewusstsein, Standing und Konfliktfähigkeit im Umgang mit internen Kunden entwickelt. So, wie sie gestrickt ist, würde sie das üblicherweise als klare Anweisung formulieren und erwarten, dass es dann – zügig! – umgesetzt wird. Und natürlich würde sie ihre Zeit viel lieber in strategische Themen investieren, als Herrn Vorsicht Schritt für Schritt auf seinem Entwicklungsweg zu mehr Rollenbewusstsein und Konfliktfähigkeit zu begleiten.

Frau Rechtling hat aber durch die intensiven Vorreflexionen und besonders durch die Einfühlung im Rollentausch die Situation von Herrn Vorsicht besser verstanden: Er ist fachlich gut aufgestellt und motiviert, nur seine Tendenz zur Rollenunklarheit und Konfliktvermeidung steht seiner Performance im Wege. Es gibt also nichts anzuweisen, sondern bestenfalls mit ihm herauszufinden, wie er lernen kann, seine Rolle als HR-Referent mit mehr Durchsetzungs- und Konfliktbereitschaft auszufüllen, und ob bzw. wie sie ihn dabei sinnvoll unterstützen kann.

Sie nutzt nun ihr eigenes Coaching, um solche Mitarbeitergespräche vorzudenken und mit dem Coach jeweils die Szenen durchzuspielen, die ihr besonders schwerfallen. Coach und Coachee spielen dann mit wechselnden Rollen die schwierigen Situationen jeweils so lange durch, bis der Coachee sich für das anstehende Gespräch mit dem Mitarbeiter gut vorbereitet fühlt.

Im Fall von Frau Rechtling ging es dabei wiederkehrend um Situationen, in denen sie lernen musste, geduldig zuzuhören und genauer nachzufragen. Sich für die Antworten und Ideen ihrer Mitarbeiter zu interessieren und sie abzuwarten bzw. ihre eigenen Antworten zurückzustellen fiel ihr immer wieder sehr schwer.

Im Rahmen solcher Gesprächsvorbereitungen nutzen wir regelmäßig einige klassische Modelle und Werkzeuge aus der Kommunikationspsychologie und der lösungsorientierten Beratung, die wir jeweils kurz erklären und in der Anwendung auf eine aktuelle Fragestellung erleben lassen. Dazu gehören u. a.:

- Vier Seiten einer Nachricht – Vier Kernanforderungen an die Kommunikation in der Führungsrolle
- Das Innere Führungsteam
- Vier Schritte im Gespräch
- Aktiv zuhören
- Lösungsorientierte Fragetechniken (Wunderfrage, Skalenfragen etc.)
- Reframing
- Das Wertequadrat / Entwicklungsdreieck
- Das Riemann-Modell

Ausführliche Beschreibungen, wie wir diese Modelle und Werkzeuge im Coaching einsetzen, finden Sie im Buch «Coaching. Miteinander Ziele erreichen» (Fischer-Epe 2002/2011).

Exkurs: Wann ist ein externes Coaching angezeigt?

Führungskräfte unterschätzen häufig den positiven Einfluss, den sie mit einem coachenden Führungsstil in gut geführten Gesprächen oder gut geleiteten Sitzungen auf die Entwicklung von Mitarbeitern und Teams nehmen können, und sollten eigentlich jede Gelegenheit nutzen, hier selbst aktiv zu werden. Dennoch kann es manchmal sinnvoll sein, diesen Teil der Führungsaufgabe zu delegieren und eher ein externes Coaching bei einem professionellen Coach zu empfehlen, z. B. wenn

- die Themen persönliche Entscheidungen oder Verhaltens- und Persönlichkeitsveränderungen betreffen, die einen neutralen und geschützten Rahmen und/oder mehr psychologische Expertise erfordern,
- die Führungskraft selbst stark in die Thematik verwickelt ist und eher eine neutrale Vermittlungshilfe gebraucht wird.

Wenn in den Führungsgesprächen anhaltende Ängste, unkontrollierbares Verhalten, tiefergreifende Sinnfragen oder Ehe- und Familienprobleme thematisiert werden oder die Führungskraft diese Themen vermutet, sollte sie sich nicht scheuen, ggf. auch eine Lebensberatung oder Therapie zu empfehlen.

Worauf sollte man beim Einsatz eines externen Coachs achten?

Wenn ein externer Coach eingesetzt und vom Unternehmen bezahlt wird, sollten Führungskraft und Mitarbeiter, ggf. auch gemeinsam mit dem Coach, in die Auftrags- und Erwartungsklärung investieren und sich im Vorfeld über folgende Fragen verständigen:

- **Ziele**: Was soll verändert/erreicht werden? Woran könnte man den Erfolg erkennen/messen?
- **Hintergrundinformationen**: Was sollte der Coach wissen über Ziele, Strategien und die Führungssituation des Gesamtbereichs bzw. der betreffenden Abteilung?
- **Rahmenbedingungen:** Umfang und Kosten? Umgang mit Informationen: Wer informiert wen worüber? Welche Regeln sollen gelten zu Neutralität und Diskretion des Coachs? Wann, wie und mit wem wird (zwischen)ausgewertet?

Zum Abschluss eines vom Unternehmen initiierten bzw. bezahlten Coachings durch einen externen Berater sollte ausgewertet werden, inwieweit die vorher vereinbarten Ziele erreicht werden konnten. Und die Führungskraft bzw. der Auftraggeber sollte sich dafür interessieren, welche weiteren Erkenntnisse aus dem Coaching-Prozess gewonnen werden können.

Sich intensiver mit dem Thema Coaching zu befassen ist für Führungskräfte allemal sinnvoll und lohnend. Wer sich selbst bereits als Coachee auf einen Coaching-Prozess eingelassen hat, kann sicher besser unterscheiden, was sich auf die Gespräche im Unternehmensumfeld übertragen lässt und was nicht. Und wer sich auf den Rollenaspekt des Coachs und Teamentwicklers konsequent einlässt, d.h. Coaching-Kompetenzen entwickelt und Zeit und Energie in die systematische Mitarbeiter- und Teamentwicklung investiert, kann zwar nicht unbedingt mit schnellen, dafür aber mit nachhaltigen Motivations- und Leistungssteigerungen rechnen.

Gesprächs- und Coaching-Kompetenz in der Führungsrolle

Wie gut kann ich …	nicht gut					sehr gut
eine konstruktive Gesprächsatmosphäre schaffen						
Interesse und Wertschätzung zeigen	❑	❑	❑	❑	❑	❑
öffnend und konstruktiv fragen	❑	❑	❑	❑	❑	❑
Ressourcen betonen	❑	❑	❑	❑	❑	❑
Raum lassen zum Nachdenken	❑	❑	❑	❑	❑	❑
aufmerksam zuhören	❑	❑	❑	❑	❑	❑
Inhalte zusammenfassen	❑	❑	❑	❑	❑	❑
emotionale Situation des MA erfassen	❑	❑	❑	❑	❑	❑
hinterfragen / nachfragen	❑	❑	❑	❑	❑	❑
Mut machen und Zuversicht vermitteln	❑	❑	❑	❑	❑	❑
Verantwortung / Lösungskompetenz beim MA fördern	❑	❑	❑	❑	❑	❑
Struktur und Überblick behalten						
Gespräche vorbereiten	❑	❑	❑	❑	❑	❑
im Gespräch den Überblick behalten	❑	❑	❑	❑	❑	❑
den Gesprächsprozess / die Interaktionsmuster wahrnehmen	❑	❑	❑	❑	❑	❑
Inhalte visualiseren	❑	❑	❑	❑	❑	❑
Kommunikation reflektieren	❑	❑	❑	❑	❑	❑
in kritischen Gesprächen den Kurs halten	❑	❑	❑	❑	❑	❑
Rollenklarheit auf Augenhöhe herstellen						
Ziele und Rollenerwartungen vermitteln	❑	❑	❑	❑	❑	❑
Ziele überprüfen (wollen wir dasselbe?)	❑	❑	❑	❑	❑	❑
Konflikte im Kontext von Rollen und Aufgaben verstehen	❑	❑	❑	❑	❑	❑
mein Handeln aus der Rolle heraus begründen	❑	❑	❑	❑	❑	❑
Kritisches konstruktiv ansprechen	❑	❑	❑	❑	❑	❑
Kritik annehmen	❑	❑	❑	❑	❑	❑
Diskretion wahren	❑	❑	❑	❑	❑	❑

4. Teams erfolgreich führen

Nur in einem gut funktionierenden Team lassen sich herausfordernde Ziele erreichen und damit verbundene komplexe Aufgaben bewältigen. Daher gehört es zu den zentralen Führungsaufgaben, neben der Förderung einzelner Mitarbeiter auch Arbeitsgruppen und Teams gezielt in ihrer Entwicklung zu fördern. Als Team-Coach schaffen Führungskräfte Bedingungen, unter denen eine Arbeitsgruppe oder ein Team erfolgreich arbeiten und lernen kann. Dabei müssen sie eine Verbindung herstellen zwischen den Unternehmenszielen, dem Leistungsauftrag und den konkreten Menschen, die diese Leistung erbringen sollen. Diese Aufgabe erfordert methodisches Geschick und eine hohe soziale und personale Kompetenz.

Ausgangspunkt sind im Coaching meist Themen, die unmittelbar kritisch ins Auge fallen, z. B. Abstimmungs- und Qualitätsprobleme, schlechte Stimmung, Konflikte mit oder zwischen Mitarbeitern. Führungskräfte äußern sich dann zuweilen ärgerlich, frustriert oder ratlos über ihr Team und geraten in Gefahr, ihre Mitarbeiter zu kritisch zu bewerten und dabei den Blick auf die Gesamtsituation zu verlieren. Dann lohnt eine gründlichere Bestandsaufnahme zur Situation des Teams, und der Coach sollte mit seinen Fragen und Strukturierungsangeboten dazu beitragen, die Ideen für eine erfolgreiche Teamentwicklung aus einem tieferen Verständnis der Gesamtsituation entstehen zu lassen. In unserer Coaching-Praxis haben sich dafür unterschiedliche methodische Schritte bewährt, wobei die Reihenfolge variabel sein kann und nicht immer alle Schritte notwendig sind.

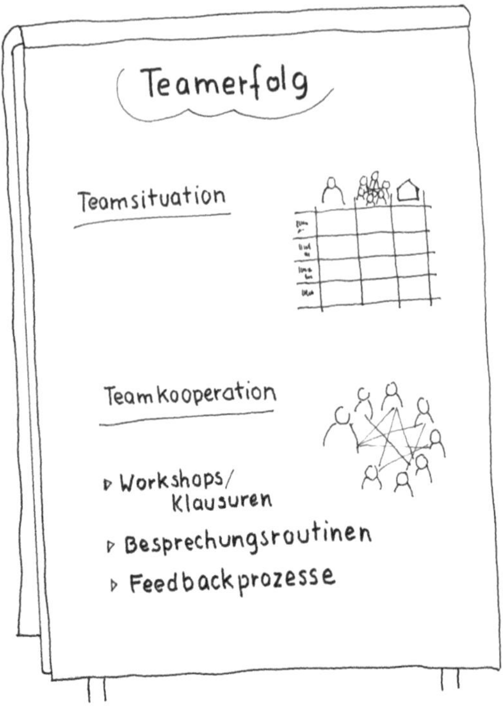

4.1 Teamsituation analysieren

Wir starten die Situationsanalyse mit Fragen zur Vorgeschichte, zu den Rahmenbedingungen und zu übergeordneten Zielen und Erfolgskriterien für eine gute Teamarbeit:

- Wie ist der Entwicklungsprozess des Teams bisher verlaufen?
- Welche Rahmenbedingungen sind wichtig?

- Welche Veränderungen gab es in der letzten Zeit?
- Angenommen, das Team würde optimal zusammenarbeiten, was wäre damit erreicht?
- Was könnte ein erfolgreiches Team besser lösen als einzelne Mitarbeiter?
- Wer muss – wozu – erfolgreich zusammenarbeiten?
- Was würde es bedeuten, wenn sich nichts ändert?

Um die Person des Coachees stärker in den Fokus zu rücken, interessieren wir uns auch für seine bisherigen Erfahrungen mit Teams und seine ganz persönlichen Erfolgskriterien für die Teamarbeit.

Die Fragen zu den Rahmenbedingungen und zum Erfahrungshintergrund laden den Coachee bereits ein, aus einer einseitig kritischen Sicht auf die Mitarbeiter stärker in die Helikopter-Perspektive zu wechseln.

Im Dialog mit dem Coachee versuchen wir dann, die Situation des Teams genauer zu verstehen und den aktuellen Handlungsbedarf herauszuarbeiten:

- Was läuft gut in der **Team**arbeit? Wo sind Ressourcen und Potenziale? Wo sind Konflikte und Entwicklungsthemen?
- Wo besteht akuter Handlungsbedarf?
- Welche Rolle spielt der **Unternehmenskontext**?
- Welchen Beitrag leistet die **Führungskraft**? Womit fördert sie, womit behindert sie erfolgreiche Teamarbeit?

Bei Bedarf kann es weitergehen mit einer systematischen Bestandsaufnahme. Dafür erweitern wir die Fragen und nutzen das Modell der 3 × 4 Perspektiven, das wir Ihnen bereits im Kapitel 1.2 vorgestellt haben – jetzt mit dem Fokus auf das Team:

Teamsituation analysieren

Ziele und Zukunftsorientierung, z. B.:

- Wie transparent sind den Mitarbeitern die Ziele und Strategien für das Team /diesen Bereich?
- Wieweit werden diese Ziele akzeptiert/wurden mitentwickelt/werden mitgetragen?
- Wieweit/wie intensiv beschäftigen sich die Mitarbeiter mit zukünftigen Entwicklungen in der Branche?
- Gibt es gemeinsame Zukunftsvorstellungen?
- Gibt es Zielkonflikte im Team bzw. mit Nachbarbereichen?
- Woran wird der Erfolg der Abteilung gemessen?

Verstimmungen und Konflikte in der Zusammenarbeit mit und in Teams entstehen oft durch ungeklärte Ziele oder Erwartungen.

Wenn dem Team eine Zukunftsausrichtung fehlt oder die Verbindung zu den Unternehmenszielen verloren gegangen ist, suchen wir mit dem Coachee danach, an welcher Stelle der Dialog (wieder) aufgenommen werden muss und wie man die Mitarbeiter sinnvoll in diesen Reflexionsprozess einbinden kann (vgl. Kapitel 2).

Fachkompetenz, z. B.:

- Wie ist die fachlich-inhaltliche Qualität der Arbeit?
- Welche besonderen Qualifikationen/Ressourcen gibt es, wo besteht Qualifizierungsbedarf?

- Wie nutzt das Team seine Experten?
- Wie wird fachliches Lernen organisiert?
- Wie viel Fachkompetenz und Erfahrung bringt die Führungskraft mit?

Wenn die fachlichen Anforderungen an die Mitarbeiter unklar scheinen oder deutlich wird, dass spezielle Kompetenzen entwickelt werden müssen, empfehlen wir dem Coachee zur Vertiefung der Analyse ggf. auch eine systematische Teampotenzialanalyse, wie wir sie im Kapitel 3.1 beschrieben haben.

Organisation und Ablaufsteuerung, z. B.:

- Wie sinnvoll sind Abläufe organisiert?
- Wie (gut) läuft das Zusammenspiel mit anderen Unternehmensbereichen?
- Wie werden Leistung und Erfolg konkret gemessen?
- Wie werden Ergebnisse kontrolliert?
- Wie transparent laufen Entscheidungsprozesse?
- Wie sinnvoll / gerecht sind die Aufgaben verteilt?
- Wie sinnvoll und effektiv läuft die formelle Kommunikation (Informationssysteme, Sitzungsstruktur)?
- Wie gut fühlen sich die Mitarbeiter informiert?
- Wie werden Ziele und Aufgaben priorisiert?
- Welche Eskalationswege gibt es, und wie werden sie genutzt?

Wenn die Organisation im Team und die Ablaufsteuerung nicht optimal laufen und zu Zeit-, Ressourcen- oder Qualitätsverlusten führen, sollte der Coachee die Analyse im direkten Dialog mit dem Team vertiefen und gemeinsam nach stimmigen Lösungen suchen (vgl. Kapitel 4.2).

Kooperation, z. B.:

- Wie motiviert, engagiert, verantwortungsvoll, kundenorientiert arbeitet das Team?
- Wie aufgeschlossen sind die Mitarbeiter für Veränderungen und neue Entwicklungen?
- Wie (offen) werden Konflikte geregelt?
- Wie (konstruktiv) wird Kritik geäußert?
- Welche Spielregeln gibt es für die Kooperation?
- Wie werden Erfolg und Leistung belohnt?
- Wie gehen die Mitarbeiter mit Fehlern um?
- Wie (offen und wertschätzend) laufen Feedbackprozesse?
- In welchem Maß findet gegenseitige Unterstützung statt?
- Wie selbstverständlich teilen Mitarbeiter ihr Wissen, wie selbstverständlich lernen sie voneinander?

Auch erfahrene Führungskräfte fühlen sich zuweilen im Umgang mit den unterschiedlichen Menschen und der Dynamik, die sich in Teams entwickeln kann, überfordert und wünschen sich vom Coach eine Orientierungshilfe.

Erfahrungsgemäß helfen dann zwei sich ergänzende Perspektiven:

- die Kooperation im Team als sich ständig verändernden **Prozess** zu verstehen und
- die **Persönlichkeiten** und Bedürfnisse der beteiligten Menschen zu erkennen und so weit wie möglich zu berücksichtigen.

Im Folgenden möchten wir Ihnen beispielhaft zwei Modelle vorstellen, die dem Coachee auf einfache Weise helfen können, sich im Dschungel gruppendynamischer Prozesse zurechtzufinden.

Gruppenprozesse verstehen

Viele Führungskräfte fühlen sich bereits entlastet, wenn sie verstehen, dass Höhen und Tiefen in Gruppenprozessen normal sind und man die Entwicklung von Gruppen und Teams zwar sinnvoll fördern, aber nicht generalstabsmäßig planen und kontrollieren kann. Meist hilft es schon, besser zu verstehen, welchen Prozess die Gruppe bereits durchlaufen hat und an welchem Punkt sie sich aktuell befindet.

Um dem Coachee auf einfache Weise zu helfen, sich besser im Gruppenprozess zurechtzufinden, nutzen wir beispielsweise das Bild der Team-Uhr bzw. Team-Phasen frei nach Tuckman (vgl. Tuckman 1965/1977 und Egolf 2001).

Es beschreibt den idealtypischen Verlauf eines Gruppenprozesses vom Kennenlernen über das gemeinsame Arbeiten bis zur

Top-Performance eines Teams in vier Phasen, die unterschiedliche Herausforderungen an den Teamleiter stellen:

- **Zusammenkommen:** Orientierung schaffen, Rahmenbedingen klären, Kennenlernen, Spielregeln und Vereinbarungen treffen (Forming).
- **Zusammenraufen:** Konflikte aufgreifen, Ziele und Erwartungen klären (Storming).
- **Abgestimmt arbeiten:** Kooperation und Feedback fördern, Standards zur Zusammenarbeit sichern, ermutigen, unterstützen, beteiligen (Norming).
- **Rundlaufen:** Selbststeuerung und Ergebnisverantwortung des Teams fördern, mit übergeordneten Zielen und neuen Themen anregen (Performing).

Wir überlegen mit dem Coachee, in welcher Entwicklungsphase sich das Team gerade befindet und mit welchem Führungsverhalten man die weitere Entwicklung sinnvoll fördern könnte.

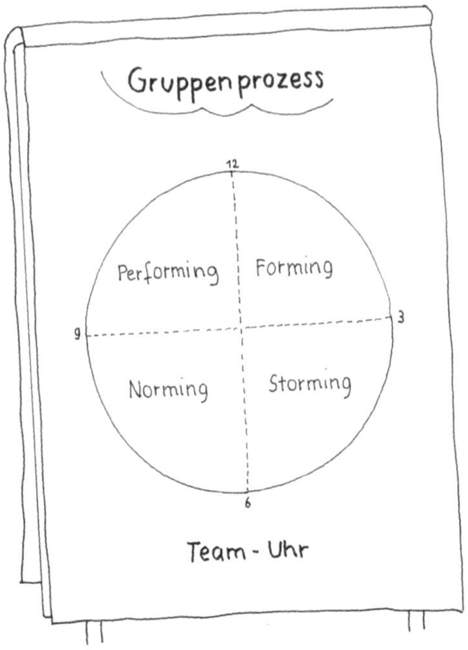

Vielleicht erinnern Sie sich an unser Fallbeispiel von **Frau Neumeier** aus Kapitel 1. Sie ist als ehemalige Kollegin Abteilungsleiterin geworden und ärgert sich darüber, dass die Mitarbeiter sich weiterhin beim Chef beschweren, wenn ihnen etwas nicht passt, statt sich mit ihr auseinanderzusetzen. Ihr hilft es, sich klarzumachen, dass sich ein jahrelang eingespieltes Team durch den Rückzug des Inhabers und die veränderte Führungssituation mit einer ehemaligen Kollegin als neuer Abteilungsleiterin vollständig neu orientieren und ausrichten muss. Es fehlen die Gespräche mit dem Inhaber, der immer genau gesagt hatte, wo es langgeht. Der Rückzug des Inhabers wird als Entzug der Wertschätzung erlebt.

Einige Mitarbeiter sind verunsichert, weil sie nicht mehr wissen, welche Rolle und welchen Stand sie in diesem Team noch haben. Viele ziehen sich zurück und konzentrieren sich auf die eigenen Aufgaben und auf den pünktlichen Feierabend. Konflikte sind (noch) nicht sichtbar, da man gar nicht so eng zusammenarbeitet, dass überhaupt Reibung entstehen könnte.

In dieser Situation reicht es nicht, so weiterzumachen wie bisher. Frau Neumeier versteht, dass sie in dieser Teamsituation aktiv einen Neustart gestalten muss (Forming): Orientierung geben, mit den Mitarbeitern Rollen und Anforderungen in der neuen Situation klären, Spielregeln und Vereinbarungen treffen (vgl. Kapitel 4.2).

Im Unterschied dazu ist **Herr Freund** eher harmoniebedürftig und leidet unter Unstimmigkeiten und Konflikten. In seinem Team herrscht allerdings gerade viel Unzufriedenheit und eine äußerst angespannte Atmosphäre. Der Ton untereinander ist teilweise rau, die Diskussionen verlaufen hitzig und konkurrierend, Entscheidungsprozesse sind mühsam. Herrn Freund hilft das Bild der Team-Uhr, die Storming-Phase besser auszuhalten und zu meistern. Er versteht, dass Konflikte in dieser Situation normal sind und er sie aufgreifen und zu einer Klärung führen muss, damit «die Uhr weiterlaufen» und das Team sich sinnvoll weiterentwickeln kann (vgl. Kapitel 4.2.).

Diskussion

Die Unterscheidung der vier Phasen hilft Führungskräften auf einfache Weise, sich in Gruppenprozessen zurechtzufinden, ohne allzu tief in Fragen der Gruppendynamik einsteigen zu müssen.

Am Bild der Uhr lässt sich anschaulich vermitteln, dass es eigentlich weitergehen müsste, wenn ein Team in einer Phase hängenbleibt.

Persönlichkeitsunterschiede verstehen

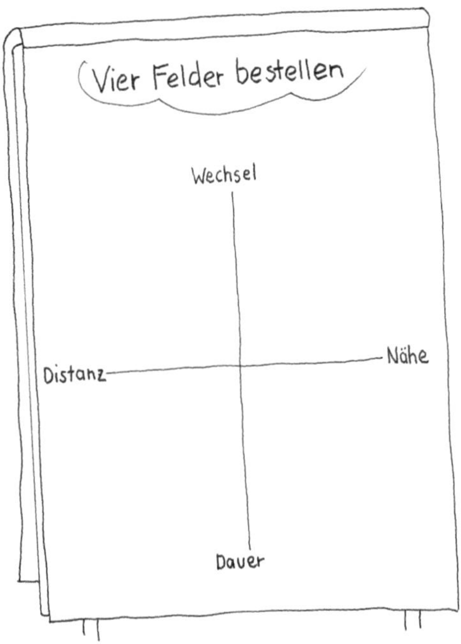

Wenn wir den Coachee anregen wollen, die unterschiedliche Motivation und die Bedürfnislagen der Mitarbeiter im Team zu erfassen, nutzen wir als einfache Erklärungshilfe das Riemann-Modell. Es unterscheidet vier Grundstrebungen der Persönlichkeit: die **Bedürfnisse nach Nähe, Distanz, Dauer und Wechsel** (vgl. Riemann 1969, Thomann 2002). Das Riemann-Modell bildet damit zwei Dimensionen ab, die im Arbeitsleben sehr bedeutsam sind: Wie viel Nähe bzw. Distanz brauchen Menschen, um erfolgreich zu kooperieren? Und wie viel Sicherheit bzw. Freiheit und Veränderung brauchen sie, um motiviert arbeiten zu können?

Nachdem das Modell kurz vorgestellt ist, schätzt der Coachee sich selbst und die wichtigsten Teammitglieder in Bezug auf diese vier grundsätzlichen Bedürfnisse ein. Diese Einschätzung wird in einer «Vier-Felder-Landkarte der Bedürfnisse» visualisiert – entweder am Flipchart oder, wenn gerade vorhanden, als Aufstellung mit kleinen Holzfiguren oder anderem Material.

Wenn bei der Schilderung der Teamsituation auch Macht- und Dominanzfragen anklingen, kann der Coachee die Personen entsprechend markieren, d. h. größer oder kleiner abbilden, unterschiedliche Figuren oder Symbole verwenden etc.

Dann reflektieren Coach und Coachee, durch welches konkrete Handeln einer Führungskraft die vier Grundbedürfnisse im Arbeitsleben berücksichtigt werden können und wieweit der Coachee bereits dazu beiträgt, dass die vier Felder «gut bestellt» sind.

Herr Held ist ein eher sachlicher und fordernder Vertriebsdirektor in einer Versicherung. Er hat ein neues Team von Bezirksdirektoren übernommen, das – anders als bisherige Teams – seine unternehmerisch-strategischen Vorschläge nicht aufgreift. Seine mehrfachen Versuche wurden abgeblockt oder ignoriert, und er weiß nicht, wie er besser zu den Bezirksdirektoren durchdringen kann. Er argumentiert sachlich-analytisch und erwartet Unternehmertum und strategischen Weitblick. Stattdessen führen die Bezirksdirektoren ihre Verkäufer eher familiär über viel persönlichen Kontakt, freundschaftliche Nähe und kleinteilig-operative Steuerung. Ihm geht diese nette und kumpelige Art im Umgang mit Mitarbeitern auf den Nerv: «Das sind doch keine Führungskräfte, sondern Betreuer!» Im Rollentausch vermutet Herr Held, dass die Bezirksdirektoren ihn selbst auch nicht als Führungskraft akzeptieren: «Der ist doch nur an seinen Zahlen und Strategien interessiert, aber nicht an seinen Leuten.»

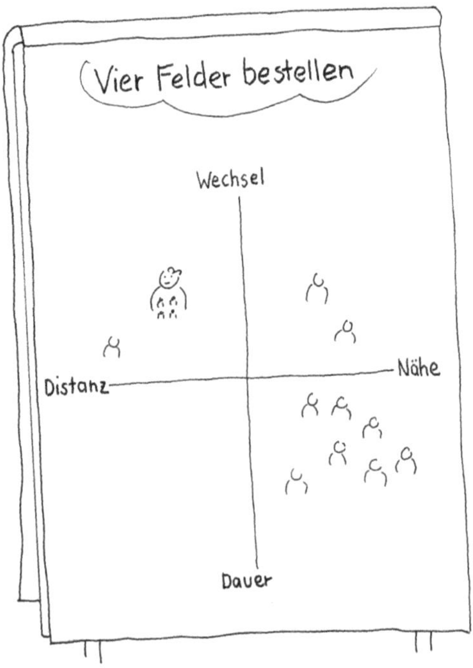

Team von Herrn Held

Im Riemann-Modell zeichnet Herr Held sich selbst in den Quadranten Wechsel / Distanz ein und die meisten seiner Bezirksdirektoren in den Quadranten Nähe / Dauer.

Herr Held erkennt, dass er in der Zusammenarbeit mit seinem Führungsteam bisher wenig für Nähe und Verbindlichkeit getan hat und Wege finden muss, seine Führungskräfte zukünftig besser zu erreichen. Das Team braucht gemeinsame Arbeitsplattformen, Meetings und Workshops und vor allem eine wohlwollende persönliche Ansprache und ein aufrichtiges Interesse vom Chef.

Herr Eng hat als Führungskraft die Verantwortung für mehrere kleine flexible Teams übernommen, ohne dafür besondere Vorerfahrungen mitzubringen. Besonders ein Team macht ihm dabei immer wieder zu schaffen. Er ärgert sich darüber, dass man ihn nur marginal informiert und seine Unterstützung vom Team regelmäßig abgelehnt wird. Bei der Visualisierung mit Hilfe des Riemann-Kreuzes positioniert er sich selbst, relativ groß und mächtig, in den Quadranten Dauer / Nähe, während sich das Team über die Quadranten Wechsel / Distanz und Wechsel / Nähe verteilt.

Die gutgemeinten Hilfsangebote von Herrn Eng und sein Informationsbedürfnis werden als Kontrolle und Behinderung erlebt. Während die Teammitglieder mit ihren Bedürfnissen nach Wechsel und Veränderung ganz gut zum Auftrag an die flexiblen Teams passen, muss Herr Eng lernen, mit Unsicherheit umzugehen: den Mitarbeitern mehr Freiraum zu lassen, stärker zu vertrauen, mehr zu beobachten und zu moderieren.

Team von Herrn Eng

Diskussion

Die Unterscheidung der vier Bedürfnisse hilft Führungskräften auf einfache Weise, Missverständnisse und Konflikte in der Zusammenarbeit besser zu verstehen und angemessene Lösungen zu entwickeln.

Natürlich kann man hier unterschiedliche und auch differenziertere Persönlichkeitsmodelle einsetzen, und oft ist es auch sinnvoll, ein Coaching mit einer gründlicheren Persönlichkeitsanalyse zu beginnen oder zu unterfüttern. Jeder Coach hat hier vermutlich seine persönliche Vorliebe (MBTI, DISG, Profile Dynamics etc.).

Wir nutzen das Riemann-Modell gern im Coaching und in Teamworkshops, weil es sich unkompliziert erklären lässt und man es auch spontan einsetzen kann.

Wechsel

Distanz — **Näh**

Dauer

Quadrant: Distanz / Wechsel
FK fördert / sorgt für …

- Freiraum, Individualität, Eigenverantwortung
- Querdenken und Innovation
- Antizipation zukünftiger Entwicklungen und notwendige Kurskorrekturen

Quadrant: Nähe / Wechsel
FK fördert / sorgt für …

- eine offene, lockere, motivierende Arbeitsatmosphäre
- gute Kontakte zu Kunden und Kooperanden
- gutes Image, Würdigung der MA-Leistungen im Unternehmensumfeld

Quadrant: Distanz / Dauer
FK fördert / sorgt für …

- Klare Zuständigkeiten und verbindliche Vereinbarungen
- Kosten- und Qualitätsbewusstsein
- Effiziente Abläufe und Besprechungen

Quadrant: Nähe / Dauer
FK fördert / sorgt für …

- Kooperation, Teamgeist und Verbindlichkeit
- Regelmäßige Besprechungen und informellen Austausch
- Konstruktive Feedbackkultur

Vier Felder bestellen

4.2 Teamkooperation fördern

Die umfassende Analyse seiner Teamsituation hilft dem Coachee, die Kooperation im Team nicht isoliert zu betrachten, sondern sie im Gefüge der Gesamtsituation zu verstehen. Wenn das gut gelingt, entstehen in der Regel unterschiedliche Ideen, wie man die Teamkooperation sinnvoll fördern kann. Diese Ideen müssen sich nicht direkt auf die Zusammenarbeit beziehen – vielleicht müssen zunächst Ziele geklärt oder Rahmenbedingungen geschaffen werden, vielleicht fehlen wichtige Informationen oder Kontakte, oder es mangelt im Team an Fachkompetenz.

Wenn Führungskräfte die Kooperation in Arbeitsgruppen und Teams konkret und gezielt fördern wollen, scheinen uns – neben allem anderen, was gute Führung ausmacht – drei Ansatzpunkte besonders wichtig, auf die wir hier näher eingehen möchten:

- passende Team-Workshops und Klausuren durchzuführen,
- sinnvolle Besprechungsroutinen zu schaffen und
- konstruktive Feedbackprozesse zu gestalten.

Dabei geht es am Ende weniger darum, mal eine gelungene Sitzung oder einen erfolgreichen Teamworkshop abzuhalten (oder extern moderieren zu lassen), sondern vielmehr eine Kooperationskultur zu schaffen, in der Menschen voneinander lernen und in der konstruktiv über Erfolg, Misserfolg und die Qualität der Zusammenarbeit reflektiert werden kann. Das gelingt in der Regel am besten, wenn Workshop-Formate, Besprechungsroutinen und Feedbackprozesse ineinandergreifen und sich sinnvoll ergänzen.

Team-Workshops und Klausuren

Manche Themen, mit denen sich Führungskräfte und Teams befassen müssen, erfordern einen größeren Zeitrahmen und einen Abstand vom Tagesgeschäft. Solche Themen sind z. B.:

- Führungswechsel
- Bilanz und zukünftige Ausrichtung
- Projektstart und Projektende
- Zwischenbilanzen zum Projekterfolg/zur Zusammenarbeit im Team

- Interne Qualifizierung
- Konfliktklärung
- Zusammenarbeit mit Nachbarbereichen (Kunden-Lieferanten-Beziehungen)
- Auswertung von Mitarbeiterbefragungen
- Größere Veränderungsvorhaben (Change)

Im Coaching können diese Formate vorgedacht und vorbereitet werden. Wenn der Coachee eine Veranstaltung für ein größeres Thema entwickeln will, fragen wir zunächst nach seinen Erfolgskriterien und Vorstellungen:

- Woran würden Sie feststellen, dass diese Veranstaltung ein Erfolg war? Was wäre hinterher anders? Was möchten Sie mit der Veranstaltung minimal / maximal erreichen?
- Welche Vorstellungen und Ideen haben Sie bereits für diese Veranstaltung?

Dann ergänzen wir ggf. mit vertiefenden Fragen und Anregungen, z. B.:

- Wozu soll die Veranstaltung dienen? Was soll sie leisten?
- Wer hätte dadurch welchen Nutzen, und was hätte das Unternehmen davon?
- Wer – außer Ihnen selbst – hat bereits konkrete Erwartungen an die Veranstaltung?
- Wer sollte daran teilnehmen bzw. mit eingebunden werden?
- Welche Rahmenbedingungen sind dafür sinnvoll bzw. vorgegeben (Räume, Dauer, Ausstattung, Budget etc.)?

- Welchen Charakter soll die Veranstaltung haben? Welches Format ist dafür angemessen (eher Workshop mit starker Beteiligung der Teilnehmer, eher Klausur mit hoher Konzentration auf ein Thema, eher Tagung mit starken Informations- und Vortragsanteilen)?
- Wie kann man die Veranstaltung so interessant und anregend gestalten, dass die Teilnehmer an Bord bleiben – und ihre Energie und Kompetenz sinnvoll genutzt werden kann (durch Medien- und Methodenwechsel, wechselnde Moderation, Gruppenarbeiten, Brainstorming, kollegiale Beratung, Best Practice, vorbereitende Aufgaben, Dauer und Pausenregelung etc.)?
- Wie weit kann man die Mitarbeiter an der Gestaltung beteiligen (an der Vorbereitung und Konzeption, Moderation, Nachbereitung, über gemeinsame Prozessreflexionen etc.)?
- Wie weit wollen Sie auf die Inhalte Einfluss nehmen?
- Wie weit wollen Sie die Mitarbeiter bei inhaltlichen Entscheidungen beteiligen (informieren, Feedback einholen, mitwirken, mitentscheiden oder entscheiden lassen)?
- Wer soll moderieren (die Führungskraft selbst, externer oder interner Moderator, wechselnde Moderation durch Teilnehmer)?
- Was ist – mit Kenntnis der Zielgruppe – besonders zu beachten, wenn die Veranstaltung ein Erfolg werden soll (Vorgeschichte, Vorerfahrungen der Teilnehmer, Widerstände gegen Themen oder die gesamte Veranstaltung etc.)?

Der Coach ist jetzt Sparringspartner und reflektiert mit dem Coachee die Vor- und Nachteile der unterschiedlichen Veranstaltungsformate, Methoden und Beteiligungsstrategien.

Dabei ist unsere Leitidee, die Entwicklung der Teamkooperation immer so eng wie möglich an der inhaltlichen Arbeit auszurichten. Sowohl der Coachee als auch die Teilnehmer der Veranstaltung erleben dann, wie durch eine gut moderierte Arbeit an den anstehenden Fragen, Aufgaben und Inhalten im Nebeneffekt auch die Kooperation gefördert werden kann – ohne dass man zum Rafting oder in den Hochseilgarten gehen muss.

Frau Neumeier ist bei der Analyse ihrer Teamsituation deutlich geworden, dass sie nach der Übernahme der Leitungsrolle die Zusammenarbeit mit dem Team auf vollkommen neue Füße stellen muss. Sie möchte die Mitarbeiter für eine aktivere Gestaltung der gemeinsamen Zukunft gewinnen. In einem – verspäteten – Kick-off-Workshop möchte sie

- Akzeptanz schaffen für die **Zukunftsausrichtung** des Unternehmens und die Ziele für ihre Abteilung,
- den **Qualifizierungsbedarf** identifizieren und mit den Mitarbeitern klären, wie die interne Qualifizierung sinnvoll organisiert werden kann,
- **Spielregeln für die Kooperation** im Team entwickeln und vereinbaren.

Frau Neumeier traut sich zu, den Kick-off-Workshop selbst zu moderieren. Für die Frage, welchen Grad der Beteiligung sie den Mitarbeitern anbieten will, nutzt der Coach das Bild der Beteiligungspyramide (vgl. Straub u. a. 2005).

Beteiligungspyramide (vgl. Straub u. a. 2005)

Frau Neumeier nimmt daraufhin folgende Differenzierung vor:

- Die **Zukunftsausrichtung** des Unternehmens und der Abteilung ist vom Inhaber vorgegeben, insofern möchte sie hierzu informieren und ein Feedback der Mitarbeiter einholen,
- die **Qualifizierungsbedarfe** möchte sie mit dem Team gemeinsam erarbeiten und die Mitarbeiter mitentscheiden lassen und
- die **Vereinbarungen zur Zusammenarbeit** möchte sie vom Team erarbeiten lassen.

Damit die Vereinbarungen zur Zusammenarbeit im Team später auch von allen mitgetragen werden, will sie jeden Mitarbeiter bitten, eine persönliche Gebrauchsanweisung für sich selbst zu schreiben und sie anschließend im Plenum vorzustellen, z. B. zu folgenden Fragen:

- Was ist mir in der Zusammenarbeit besonders wichtig? Was wünsche ich mir?
- Was bringt mich auf die Palme?
- Was möchte ich in der Kooperation nicht erleben?
- Womit muss man bei mir rechnen?
- Womit bringe ich andere auf die Palme? etc.

Auf der Grundlage dieser persönlichen Statements sollen dann anschließend die Erfolgskriterien und gemeinsame Spielregeln zur Zusammenarbeit vereinbart werden, die später auch für Feedbackrunden genutzt werden können.

Herr Freund, dessen Team eher in der Storming-Phase festhängt, will zunächst die aktuellen Spannungen und Konflikte im Team klären und Spielregeln für die Kooperation erarbeiten lassen.

Er hält es für wichtig, mit seinem Führungsteam «aus dem Arbeitsalltag herauszukommen und mal Zeit zu haben, die Dinge in Ruhe anzusprechen», und entscheidet sich deshalb für einen Workshop außerhalb des Unternehmens. Damit er sich selbst besser an der Konfliktklärung beteiligen kann und sich nicht um die Steuerung der Gruppendynamik kümmern muss, beauftragt er einen externen Moderator. In diesem Workshop werden dann auch Feedbackregeln mit dem Team vereinbart. Damit die Missverständnisse und Konflikte zwischen Einzelnen angesprochen werden können und dabei die Diskretion gewahrt bleibt, wird danach ein Feedback-Marktplatz eröffnet, bei dem man sich in unterschiedlichen Vier-Augen-Gesprächen eine ausführliche Rückmeldung zur Zusammenarbeit geben kann («was ich in unserer Zusammenarbeit schätze», «womit ich manchmal Schwierigkeiten habe», «was ich mir wünsche»). So können die Teilnehmer auf diskrete Weise ihre gegenseitigen Erwartungen klären, und auch Herr Freund bekommt eine differenzierte Rückmeldung zu seinem Führungsstil, ohne dabei gleich im Mittelpunkt zu stehen.

Diskussion

Teamworkshops und -klausuren bedeuten für die meisten Führungskräfte eine echte Herausforderung, weil sie hier besonders stark in ihrer Kommunikationsfähigkeit und in ihrer Rollenflexibilität gefordert sind: Als Vertreter des Unternehmens sind Führungskräfte für das inhaltliche Gelingen der Veranstaltung verantwortlich und wollen schnelle Erfolge sehen, als (Team-)Coach brauchen sie aber vielleicht gerade Geduld und Zuversicht im Umgang mit Gruppenprozess und Gruppendynamik. Als Experte würden sie vielleicht gern ganz genau sagen, wie etwas gemacht werden soll – als Team-Coach wissen sie aber: Die Teilnehmer sollten es sich besser selbst erarbeiten, um es dann motivierter und nachhaltiger umzusetzen. Und als Mensch muss es gelingen, eine kritische Rückmeldung offen aufzunehmen, ohne gleich gekränkt, zynisch oder aggressiv zu reagieren.

Anders als im Einzelkontakt und im normalen Arbeitsalltag

ist dabei jede verbale Äußerung der Führungskraft und jedes nonverbale Zucken gleich in großer Runde öffentlich. Alles findet unter Beobachtung statt und es liegen jede Menge Fettnäpfchen bereit, in die man treten kann. Dazu kommen dann vielleicht noch Mitarbeiter, mit denen der Coachee nicht umgehen kann, weil sie – zumindest aus seiner Sicht – ständig nörgeln, stören, spalten, alles dominieren oder abblocken, sich beleidigt zurückziehen, die Führungskraft direkt oder nonverbal angreifen oder entwerten.

Wenn der Coachee in dieser Hinsicht Befürchtungen hat, lassen wir die erwarteten Schwierigkeiten genauer beschreiben und suchen nach möglichen Lösungen, ggf. auch in kleinen Rollenspielen, wie wir sie in den Kapiteln 3.3 und 5 beschrieben haben. Solchen Befürchtungen nachzugehen ist auch dann sinnvoll, wenn der Coachee sich für einen externen Moderator entscheidet. Die auftraggebende Führungskraft sollte unbedingt vorab für sich klären, welche Erwartungen sie an die Moderation hat, wie das Zusammenspiel laufen soll, wo sie Unterstützung wünscht, wo der Moderator sich heraushalten soll etc.

Sinnvolle Besprechungsroutinen

Wenn der Coachee die Besprechungskultur im Team ändern möchte, lassen wir ihn zunächst genauer beschreiben, wie die Besprechungen bisher ablaufen, woran er den Erfolg messen würde und welche Ideen er schon entwickelt hat. Dann ergänzen wir ggf. mit vertiefenden Fragen und Anregungen:

- Wozu ist das Team da? Was muss es gemeinsam leisten?
- Wer muss sich dafür mit wem wozu in welchen Abständen regelmäßig abstimmen?
- Welche Themen gehören regelmäßig in die Präsenzmeetings des Teams, und was ist besser anders zu lösen (durch bilaterale Gespräche, Online-Plattformen etc.)?
- Welcher Rahmen ist sinnvoll (Teilnehmerkreis, Räume, Dauer, Zeitabstände, Online-Möglichkeiten für virtuelle Besprechungen etc.)?
- Wie kann man diese regelmäßigen Treffen so interessant und anregend gestalten, dass die Teilnehmer an Bord bleiben und ihre Energie und Kompetenz sinnvoll genutzt werden kann?
- Wieweit und wie kann man die Mitarbeiter in die Verantwortung für gelungene Besprechungen einbinden und an der Gestaltung beteiligen (an der Vorbereitung, Moderation, Nachbereitung, über gemeinsame Prozessreflexionen)?
- Wie kann man die Besprechungen effizienter und zielorientierter durchführen (über Agenda mit Ziel und Zeitvorgabe, Themenspeicher, Teilnehmerauswahl, Online-Konferenzen, Stand-up-Meetings, Spielregeln etc.)?
- Wie sollen die Ergebnisse protokolliert werden (Ergebnisprotokoll, Fotoprotokoll von Simultanvisualisierungen etc.)?

Frau Neumeier hat die regelmäßigen kurzen Teambesprechungen bisher nur genutzt, um Informationen aus der Geschäftsführung weiterzugeben und Vertretungsfragen zu regeln. Nach den grundsätzlichen Klärungen im Workshop möchte sie jetzt auch die Teambesprechungen optimieren. Sie will erreichen, dass Arbeitsabläufe, Arbeitsverteilung und Verantwortlichkeiten transparenter werden und das Team lernt, Synergien besser zu nutzen. Um in den Besprechungen mehr Zeit für Dialog und Interaktion zu gewinnen, wird sie ihre Informationen aus der Geschäftsführung kürzer halten und Protokolle zum Nachlesen ins interne Netz stellen. Dadurch soll jeder Mitarbeiter die Gelegenheit bekommen, kurz über aktuelle Erfolge, Probleme und Herausforderungen zu berichten. Bei kritischen Themen will sie genauer nachfragen und Raum zur Klärung schaffen. Um den Dialog über die Kooperation zu fördern, wird sie am Ende jeder Sitzung zu den Vier Seiten der Kommunikation eine kurze Feedbacksequenz einrichten (vgl. Schulz von Thun 1998 ff.):

- Wie sind wir inhaltlich vorangekommen?
- Wie war die Zusammenarbeit?
- Wie geht es mir jetzt am Ende der Besprechung?
- Was könnten wir zukünftig besser machen?

Herr Freund möchte verhindern, dass die Spannungen noch einmal so stark werden, dass ein externer Moderator nötig wird. Er führt nach dem Konfliktworkshop wöchentliche Teambesprechungen ein, um schneller auf Unstimmigkeiten und sich anbahnende Konflikte reagieren zu können. Er will für mehr Orientierung und Klarheit sorgen, indem er in diesen Besprechungen umfassend aus seinen Führungsrunden berichtet, seine Sicht zu Aufgaben und Entscheidungen ausführlich erläutert und sich dabei auch persönlich stärker positioniert. Außerdem nimmt er sich vor, die Mitarbeiter immer wieder zur konstruktiven Auseinandersetzung aufzufordern und sie dabei an die im Workshop vereinbarten Spielregeln zu erinnern.

Herr Eng, der sein Team mit zu viel Einmischung frustriert, reagiert zunächst etwas beleidigt auf diese Erkenntnis und würde nun am liebsten gar nicht mehr teilnehmen an diesen Sitzungen. In der Reflexion wird ihm dann aber deutlich, dass es eher darum gehen müsste, seinen Führungsstil im Umgang mit diesem Team anzupassen: den Mitarbeitern mehr Freiraum zu lassen, stärker zu vertrauen, mehr zu beobachten und eher zu moderieren.

Dazu hat er dann die Idee, sich mit dem Team auf inhaltliche Zwischenbilanzen in längeren Abständen zu verständigen, zumindest was seine Teilnahme angeht. Zunächst möchte er aber das nächste bereits vereinbarte Meeting für eine erste Zwischenbilanz zur Zusammenarbeit nutzen und mit dem Team klären,

- welche Stärken und Entwicklungsthemen das Team bei sich selber sieht,
- was die Mitarbeiter an seinem bisherigen Führungsverhalten schätzen und was sie sich in Zukunft (anders) wünschen,
- welche Abstände für die Meetings angemessen wären, wie sie organisiert sein sollten, wer teilnehmen soll und was sein Beitrag sein sollte.

Frau Rechtling möchte in ihrem Team den Know-how-Transfer fördern. Dafür installiert sie in den regelmäßigen Besprechungen eine Top-Flop-Runde. Die Teilnehmer sollen Beispiele für Erfolge und Misserfolge vorstellen, aus denen die Kollegen etwas lernen können. Daneben schafft sie einen Rahmen, in dem die Mitarbeiter sich in kleinen Gruppen zu aktuellen Problemen und Fragen kollegial beraten können.

Diskussion

Manchmal braucht es etwas Geduld, bevor ein Team sich auf neue Besprechungsformen einlässt. Andererseits setzen manchmal bereits kleine Änderungen der Besprechungskultur große Energien frei. Dann reicht schon ein größerer Raum, eine klarere Strukturierung oder die Einführung kleiner Zwischenbilanzen, um die Zusammenarbeit zu beleben. Regelmäßige Besprechungen sollten Tankstellen für Energie sein, und meistens haben die Mitarbeiter die besseren Ideen, wie sie dafür ablaufen müssten. Insofern ermutigen wir den Coachee, mit dem Team gemeinsam immer wieder die Formen der Zusammenarbeit auszuwerten und anzupassen.

Feedbackprozesse im Team

Nur durch regelmäßige Feedbackprozesse und Zwischenbilanzen kann man sicherstellen, dass im Team einerseits Erfolge wahrgenommen und gewürdigt werden und andererseits Missverständnisse, Probleme und Konflikte frühzeitig erkannt, aufgegriffen und gelöst werden können. Manche Coachings werden durch kritische Rückmeldungen angestoßen, die im Rahmen umfassenderer Feedbackaktionen des Unternehmens aufgetaucht sind (im Führungsdialog, 360-Grad-Feedback, Mitarbeiterbefragungen, Assessment etc.). Im Coaching geht es dann neben der persönlichen Verarbeitung des Feedbacks und den Konsequenzen für das aktuelle Führungsverhalten auch um die Frage: Wie kann der Coachee zukünftig sinnvolle Feedbackprozesse möglichst selbst initiieren? Denn nur dann kann er sie frühzeitig zur Navigation im Teamprozess nutzen und muss nicht befürchten, von den Ergebnissen solcher Befragungen überrascht zu werden.

Viele Führungskräfte scheuen sich davor, die Zusammenarbeit zum expliziten Thema von Zwischenbilanzen zu machen und dazu Feedbackrunden einzuführen. Sie fürchten, dass sich dann womöglich Widerstände und Kritik wie ein Flächenbrand ausbreiten könnten und sie die Lage nicht mehr in den Griff bekommen. Nicht selten haben sie auch schon entsprechend schlechte Erfahrungen gemacht, die sich nicht wiederholen sollen.

Wenn im Team wiederkehrendes und entwicklungsförderndes Feedback fehlt, suchen wir mit dem Coachee nach einfachen Wegen, Feedbackprozesse anzustoßen und möglichst niedrigschwellig und geräuscharm in die unterschiedlichen Arbeitstreffen zu integrieren. Beispiele dafür haben wir bereits in den Abschnitten über Workshops und Besprechungen beschrieben.

Wie wir als Coach dazu beitragen, dass Führungskräfte sich selbst beim Feedbackgeben methodisch sicher fühlen können und dem Thema in den Mitarbeiterkontakten mehr Bedeutung geben, haben wir in Kapitel 3.4 beschrieben. Die gleichen Spielregeln gelten natürlich auch bei Feedbackprozessen im Team.

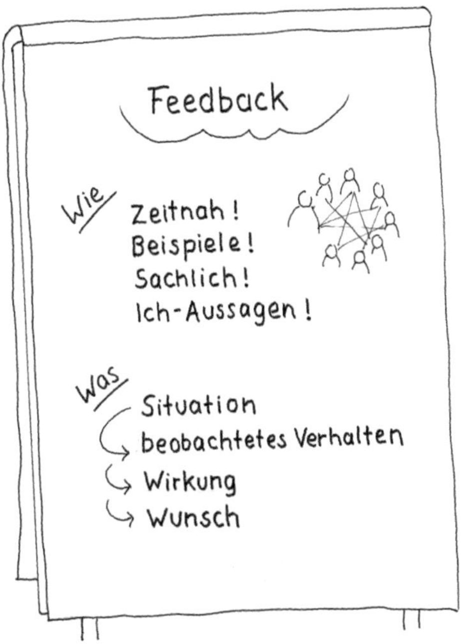

Allerdings erfordert es etwas andere methodische Vorüberlegungen, und oft sind noch größere innere Hürden zu überwinden als beim Feedbackgeben im Einzelgespräch.

Die Leitfragen zur Vorbereitung eines Teamfeedbacks sind dann:

- Gibt es bestimmte Themen, auf die fokussiert werden sollte? Welche Fragen sollen beantwortet werden?
- Welche Vorerfahrung hat das Team / welche Vorerfahrung hat die Führungskraft mit Feedbackprozessen?

- Wie viel Offenheit ist möglich? Wie viel Diskretion ist erforderlich?
- Welche Form/Methode des Feedbacks ist sinnvoll und angemessen (Punktabfragen, Stimmungsbarometer, offene Runde in der Gruppe, Zweiergespräche, Marktplatz, spielerisch etc.)?
- Was werden Sie selber beisteuern? Wie wollen Sie sich beteiligen (mit der eigenen Einschätzung starten, sich bewusst zurücknehmen, selbst moderieren, Moderation abgeben etc.)?
- Was könnte schlimmstenfalls passieren? Wie könnten Sie damit umgehen?
- Welche Feedbackregeln sollten vereinbart werden?
- Wie lassen sich regelmäßige Feedbackprozesse sinnvoll in den Arbeitsalltag des Teams integrieren?

Diskussion

Die Bedeutung von Feedback als Navigationshilfe im Umgang mit Gruppen und Teams wird – gerade in technisch orientierten Unternehmensbereichen – leicht unterschätzt. Dabei kann bereits die Einführung einer einfachen und kurzen Feedbacksequenz zur Zusammenarbeit am Ende einer Arbeitssitzung die Kooperation enorm beleben. Wenn die ersten Feedbackrunden sich konkret und zeitnah auf eine gerade erlebte Sitzung beziehen, sind die Erfahrungen in der Regel unkritisch, und Führungskräfte merken schnell, wie viel Steuerungshinweise sie dadurch gewinnen. Das gilt allerdings nur, wenn die Führungskraft sich auch selbst einbezieht und die Mitarbeiter erleben, dass ihr Feedback aufgenommen und ernst genommen wird, d.h. zu Veränderungen führt – auch im Verhalten der Führungskraft.

Feedbackrunden sind allerdings nicht geeignet, um Konflikte zwischen Mitarbeitern, die schon länger schwelen, zu lösen. Auch wenn ein Teammitglied besonders in der Kritik steht, ist Vorsicht geboten. Dann werden Feedbacksituationen unter Umständen missbraucht, um endlich einmal «abzurechnen». Das sollten Coach und Coachee im Auge behalten und ggf. eher eine konkrete Konfliktklärung vorbereiten.

Wenn es dem Coachee gelingt, sinnvolle Besprechungsroutinen zu entwickeln, regelmäßige Feedbackprozesse zu ermöglichen und immer wieder auch wichtige Impulse durch Workshops und Klausuren zu setzen, wird sich die Kooperationskultur im Team nachhaltig verändern.

5. Konflikte klären

Konflikte gehören zum Führungsalltag. Überall dort, wo Menschen mit unterschiedlichen Meinungen und Interessen aufeinandertreffen, wo sie Leistungserwartungen erfüllen, Veränderungen bewältigen oder kooperieren müssen, entstehen auch Konflikte. Wir sprechen erst dann von einem Konflikt, wenn neben der sachlichen Differenz auch die Beziehungsebene betroffen ist und heftige Störgefühle entstehen (lat. confligere = zusammenstoßen, aufeinanderprallen).

Im Unternehmensalltag sind die Konfliktauslöser und -anlässe strukturell geradezu vorprogrammiert, und es gilt unterschiedlichste Konflikte zu bewältigen: Konflikte zwischen Einzelinteressen und Unternehmensinteressen, zwischen Qualitätsanspruch und Kostenvorgaben, Konflikte zwischen Mitarbeitern, Abteilungen und ganzen Unternehmensbereichen, zwischen Team und Mitarbeiter, zwischen Mitarbeiter und Führungskraft etc. Es kann also nicht darum gehen, Konflikte im Führungsalltag grundsätzlich zu vermeiden. Vielmehr gehört es zu den originären Aufgaben der Führungskraft, im Spannungsfeld zwischen widerstrebenden Erwartungen und Interessen zu vermitteln und ggf. am Ende zu entscheiden. Auf der Sachebene wird dann über Rollen und Verantwortlichkeiten, Methoden und Vorgehen, Qualität und Ergebnisse, Kooperation und Absprachen, Information und Kontrolle, Entlohnung etc. verhandelt. Aber sachliche Auseinandersetzungen haben eben oft auch eine emotionale Brisanz. Und wenn die Konflikte über längere Zeit ungeklärt bleiben, binden sie Zeit und Energie, behindern die Kooperation und verursachen damit auch Kosten.

Führungskräfte sollten deshalb Konflikte im Unternehmensalltag erwarten und frühzeitig erkennen, ihre Bedeutung verstehen und sie angemessen klären oder lösen können.

Oft fehlen jedoch regelmäßige Feedbackprozesse und Zwischenbilanzen zur Zusammenarbeit, in denen ein potenzieller Konfliktstoff frühzeitig erkannt und aufgegriffen werden kann. Hat sich ein Konflikt aber erst einmal über längere Zeit eingeschlichen und – zuweilen auch unterm Teppich – ausgebreitet, ist der Coachee in der Regel bereits selbst emotional angefasst, ist frustriert, ärgert sich, ist wütend oder fühlt sich machtlos. Vielleicht ist er aber auch nur unsicher oder hat Angst vor den Folgen einer Konfliktaustragung. Im Coaching können Führungskräfte dann wieder Abstand gewinnen und auf der Basis einer mehrperspektivischen Analyse der Situation Ideen entwickeln, wie sie sinnvoll zur Klärung und Lösung des Konflikts beitragen können.

5.1 Konflikte analysieren und verstehen

Mit welchen Modellen und methodischen Schritten wir Führungskräfte bei der Konfliktklärung unterstützen, möchten wir am Beispiel von **Herrn Freund** zeigen. Als einer von mehreren Geschäftsführern eines mittelständischen Industrieunternehmens führt er ein Team von sechs Abteilungsleitern mit einer Gesamtverantwortung für 400 Mitarbeiter. Herr Freund ist als Geschäftsführer für eine separate Produktgruppe, für Einkauf, Produktion und Vertrieb, verantwortlich. Er wünscht sich im Coaching methodische Anregungen für die Entwicklung seines Führungsteams: In den Meetings der sechs Abteilungsleiter hört man sich wenig zu, und die Stimmung ist angespannt. Einige Abteilungsleiter haben bereits angemerkt, dass es mal einen Teamworkshop geben müsste.

Auf die konkretisierenden Nachfragen des Coachs schildert Herr Freund sichtlich erregt, dass sich um einen seiner Abteilungsleiter, **Herrn Ochs**, schon länger verschiedene Konflikte ranken. Diese Konflikte würden immer wieder in den Teammeetings aufbrechen, sodass die Stimmung im Führungsteam allmählich schon auf einen Tiefstand gefallen sei. Er möchte im Coaching herausfinden, wie er erreichen kann, dass das Team seine Konflikte mit Herrn Ochs deutlich auf den Tisch bringt, ohne die Situation dadurch zu verschlimmern.

Der Coach empfiehlt Herrn Freund, den Konflikt erst einmal gründlicher zu analysieren, um Abstand und Überblick zu gewinnen und fundierter über sinnvolle Schritte zur Lösung nachdenken zu können. Bei dieser Analyse unterscheiden wir sechs Perspektiven (vgl. Schulz von Thun, 1998 b, Fischer-Epe 2007, S. 180 ff.):

- Die Vorgeschichte und Rahmenbedingungen (Kontext).
- Die Perspektive der Führungskraft.
- Die Perspektive des betroffenen Mitarbeiters/der Konfliktbeteiligten.
- Die Interaktion zwischen den Betroffenen.
- Die Bedeutung des Konflikts.
- Die Ressourcen für eine Lösung.

Kontext

Zunächst fragt der Coach genauer nach den Rahmenbedingungen und Begleitumständen des Konflikts:

- Wie ist die Vorgeschichte?
- Welche Rahmenbedingungen sind wichtig?
- Wer ist am Konflikt noch beteiligt oder davon direkt oder indirekt betroffen?
- Welche Rolle spielen die Beteiligten? Wer hat wem was zu sagen? Wer kann von wem was erwarten?
- Welche offenen oder verdeckten Interessen spielen eine Rolle? Gibt es Personen, die im Hintergrund die Fäden ziehen?
- Welche Lösungsversuche wurden bereits unternommen?

Nachdem Herr Freund am Flipchart sein Organigramm aufgemalt hat, berichtet er: Der Abteilungsleiter Herr Ochs ist verantwortlich für Teile des Vertriebs und für die Qualitätssicherung dieser separaten Produktgruppe. Er ist fachlich sein bester Mann, und auch sonst muss Herr Freund sich um diese Abteilung am wenigsten kümmern, da Herr Ochs seine Ziele meist gut erreicht. Doch die Stimmung im Leitungsteam wird zunehmend schlechter, und die Beschwerden aus den Nachbarbereichen häufen sich. Herr Ochs hat seit jeher eine besondere Funktion im Unternehmen. Sein Verantwortungsbereich ist besonders erfolgreich und gleichzeitig mit vielen Bereichen des Gesamtunternehmens gut vernetzt. Er ist für verschiedene Themen verantwortlich, von denen andere abhängig sind, und nutzt seine damit zusammenhängende Macht aus. Herr Ochs arbeitet mit seinem Abteilungsteam bereits seit vielen Jahren zusammen und ist vor ca. drei Jahren mit seinem Verantwortungsbereich aufgrund einer Umstrukturierung dem Bereich von Herrn Freund zugeordnet worden.

Der Coach erfährt weiterhin, dass Herr Freund mit seinen Geschäftsführerkollegen gut auskommt, nur der dienstälteste Geschäftsführer habe zuweilen Probleme mit seiner lockeren Art. Mit dem Inhaber laufe es prima, allerdings genieße auch Herr Ochs als langjährig erfolgreicher Abteilungsleiter eine hohe Akzeptanz beim Inhaber.

Beim Erzählen wirkt Herr Freund auf den Coach wie ein typischer Vertriebler: Er ist ausdrucksstark, lacht viel und macht kumpelhaft humorvolle Sprüche. Auf die Frage, was er zur Klärung des Konflikts bereits unternommen habe, erklärt er, er führe gerne mit optimistischer und humorvoller Art und versuche die Dinge smart und moderat anzusprechen. Er habe Herrn Ochs bereits mehrfach vorsichtiges Feedback zu seinem Verhalten gegenüber Kollegen im Team sowie Kollegen in Nachbarabteilungen gegeben und dabei angesprochen, dass sein Verhalten wenig kollegial und teilweise respektlos wirke. Das habe aber keinerlei Wirkung gezeigt.

Situation der Führungskraft

Dann richtet sich der Blick stärker auf die persönliche Perspektive von Herrn Freund:

- Worum geht es für Sie in diesem Konflikt – in Ihrer Rolle als Führungskraft?
- Was stört Sie eigentlich genau?
- Können Sie dazu ein konkretes Beispiel geben?

Herr Freund lässt nun seinem Ärger freien Lauf. Der Abteilungsleiter Herr Ochs verhalte sich eben unsozial und taktlos: «Er haut Kollegen in die Pfanne und macht Sprüche, gibt Spitzen von sich und verfällt in Sarkasmus. Er stänkert rum, nimmt wenig Rücksicht auf andere, verfolgt vor allem seine persönlichen Ziele. Er spielt sich auf wie ein König in seinem Reich und wirkt dabei oberlehrerhaft, eben von oben herab. Kritisch ist nicht das, was Herr Ochs tut, sondern wie er sich dabei verhält. Wenn ich dem eine Zusatzaufgabe geben will, kommt immer gleich die Gegenfrage: ‹Und was soll ich liegenlassen?›. Ich habe schon keine Lust mehr, wenn ich weiß, dass Herr Ochs da ist und wieder eine seiner schlechteren Phasen hat. Er ist launisch und gibt sich seinen Stimmungen hin. Das ist für mich ein Motivationskiller, ein Stimmungstöter!»

Um Herrn Freund aus der allgemeinen Beschwerdeführung stärker in eine – systematischere – Reflexion aus der Führungsrolle zu bringen, nutzt der Coach das Modell vom Inneren Führungsteam, das wir in Kapitel 1.1 beschrieben haben. Herr Freund kann jetzt weiter über Herrn Ochs schimpfen, soll dies jedoch aus den unterschiedlichen (Rollen-)Perspektiven konkretisieren: Was stört ihn, und wie bewertet er die Situation aus der Unternehmerperspektive? Was stört ihn, und wie bewertet er die Situation als Experte und als Teamcoach? Wie fühlt er sich persönlich, als betroffener Mensch, in diesem Konflikt?

Herr Freund formuliert jetzt als **Unternehmer**: «Als Verantwortlicher für Zielerreichung und Gewinn akzeptiere ich nicht, dass die Effizienz durch die schlechte Zusammenarbeit leidet, wir verlieren Zeit. Die Produktivität verringert sich durch geringere Motivation der Kollegen. Neue chancenreiche Projekte werden geblockt. Sein ständiger Wunsch nach mehr Leuten ist aufgrund zu hoher Kosten unrealistisch. Auf der anderen Seite ist er innovativ und hat seinen Laden im Griff.»

Der **Experte** hält dagegen und ergänzt: «Er ist fachlich sehr wichtig für uns: Er liefert gute Qualität und Projektergebnisse. Er sieht die wesentlichen Dinge, hat inhaltlich viel zu bieten und kann sich im Unternehmen gut durchsetzen, in dieser Hinsicht könnte mancher noch von ihm lernen. Aber viele wollen nicht mit ihm arbeiten. Die notwendigen Abstimmungsprozesse leiden, weil die Kollegen Herrn Ochs aus dem Weg gehen. Das kann zu Qualitätsverlust führen.»

Als **Teamcoach** setzt er einen etwas anderen Akzent: «Als Verantwortlicher für gute Zusammenarbeit und leistungsförderndes Klima stört mich dabei vor allem, dass die Zusammenarbeit und Motivation im Führungsteam leidet. In Teambesprechungen verlieren wir viel Zeit und Energie durch unproduktive Auseinandersetzungen mit ihm. Kollegen im Leitungsteam und auch aus anderen Abteilungen verlieren die Lust an der Zusammenarbeit. Obwohl er fachlich viel zu bieten hat, gibt er sein Know-how nicht weiter. Im Gegenteil, er lässt die anderen spüren, wie blöd und unfähig sie sind.»

Auf die Rückfrage des Coachs, ob denn etwas dran sei an dieser Einschätzung, räumt Herr Freund ein, dass Herr Ochs in Bezug auf zwei Abteilungsleiterkollegen nicht ganz unrecht habe, die seien schon in mancher Hinsicht schwächer als Herr Ochs, aber das sei ja schließlich kein Grund, sie so vorzuführen.

Perspektive der Führungskraft

Auf die abschließende Frage des Coachs, wie er sich **menschlich** behandelt fühle und welche Wirkungen der Konflikt auf ihn ganz persönlich habe, fasst Herr Freund zusammen: «Ich persönlich fühle mich manchmal angegriffen, bloßgestellt und machtlos. Ich befürchte auch, dass mein Ansehen im Unternehmen leidet, weil ich den Mann nicht im Griff habe. Andererseits weiß ich auch, immer wenn Herr Ochs mal positiv gestimmt war und mitgemacht hat, haben wir sehr gute Ergebnisse erzielt, und die Arbeit hat richtig Spaß gemacht. In solchen Momenten gibt er mir sogar Sicherheit und macht mich eher stark.»

Durch die Betrachtung der unterschiedlichen Führungsperspektiven gewinnt Herr Freund weiteren Abstand und kann seine Bewertung der Situation differenzieren. Der Coach visualisiert die wichtigsten Aussagen auf dem Flipchart mit.

Situation des anderen

Jetzt geht es darum, den Konflikt aus der Perspektive des anderen zu beschreiben. Wie würde es einem selbst in der Rolle des anderen gehen? Wie würde er die Situation beschreiben? Das erfordert einen inneren Rollentausch, der in der Regel besser gelingt, wenn der Coachee vorher bereits Abstand gewonnen hat und alles losgeworden ist, was ihn emotional belastet.

Der Coach fordert Herrn Freund auf, die Haltung und Sitzposition von Herrn Ochs einzunehmen, um sich besser in dessen Lage einfühlen zu können. Herr Freund, der vorher noch entspannt im Sessel gesessen hatte, springt daraufhin auf und stellt sich breitbeinig ans Flipchart («der würde stehen»). Dann beginnt der Coach mit einfachen Fragen zur Gesamtsituation, die Herr Freund – auch ohne große Einfühlung in Herrn Ochs – leicht beantworten kann, z. B.:

- Herr Ochs, wie alt sind Sie?
- Und wie lange sind Sie schon im Unternehmen? Und in dieser Abteilung? Was machen Sie da genau?
- Was können Sie besonders gut? Was macht Ihnen besonderen Spaß?

Herr Freund antwortet in der Rolle von Herrn Ochs: «Ich bin schon zwölf Jahre im Unternehmen. Ich bin fachlich spitze – und mir kann hier sowieso nichts passieren, weil ich mich gut mit dem Inhaber verstehe und alle mich brauchen. Im Grunde verdiene ich für die anderen das Geld mit. Ohne mich würde das Unternehmen zahlenmäßig schlecht dastehen. Ich bin jetzt mit Mitte 50 in einer gesicherten Position und möchte meinen Status als alter Hase, den ich mir über die Jahre erworben habe, noch richtig auskosten.»

Meistens befindet sich der Coachee bereits nach wenigen Antworten so weit in der Rolle, dass er automatisch in der Ichform spricht. Dann fragt der Coach gezielter nach dem Konflikt:

- Und wie stehen Sie zu Herrn Freund? Was ist das für eine Führungskraft?
- Wie erleben Sie die Zusammenarbeit mit Herrn Freund, mit dem Führungsteam?

Der Coachee antwortet: «Mein Chef, Herr Freund, ist schwach und braucht, wie alle hier im Führungsteam, klare Ansagen. Wenn ich es nicht tue, macht es ja keiner – vor allem nicht mein Chef. Der ist immer locker und heiter, aber er bringt die Dinge nicht auf den Punkt! Und ich finde, er würdigt meine Leistungen nicht genug und mischt sich zu viel in meine Geschäfte ein; bevor ich dem vor drei Jahren zugeteilt wurde, hatte ich deutlich mehr Freiräume im Unternehmen.»

Perspektive des Mitarbeiters

Herr Freund hat offensichtlich Vergnügen am Rollentausch – obwohl er sich hier gerade selbst kritisiert – und vermutet abschließend, dass es für Herrn Ochs wichtig sei, möglichst frei agieren zu können und dabei von allen als der größte und erfolgreichste Macher angesehen zu werden.

Der Coach sollte darauf hinweisen, dass hier beim Rollentausch Gedanken und Phantasien über den anderen entstehen, die richtig oder auch falsch sein können und in der Realität überprüft werden müssen.

Interaktionsmuster

Dann überlegen Coach und Coachee, ob sich in der Interaktion der Konfliktbeteiligten bereits wiederkehrende Muster ausgebildet haben, die den Konflikt aufrechterhalten oder verstärken:

- Gibt es typische Verhaltensmuster und Reaktionen?
- Sind Teufelskreise erkennbar?
- (Wie) Tragen Sie mit Ihrem Verhalten zum Konflikt bei? Wodurch gießen Sie Öl ins Feuer?
- Gibt es Situationen und Umstände, in denen es Ihnen oder dem anderen bereits jetzt gelingt, aus dem typischen Konfliktmuster auszusteigen und sich anders zu verhalten?

In der bisherigen Reflexion mit Herrn Freund und im Rollenspiel sind bereits verschiedene Interaktionsmuster angeklungen, die jetzt noch einmal explizit eingesammelt werden. In Besprechungen und Konferenzen des Führungsteams gibt es ein wiederkehrendes Muster: Wenn andere Abteilungsleiter von ihren Projekten berichten oder etwas vorschlagen, fährt Herr Ochs ihnen immer wieder über den Mund. Das passiert besonders häufig bei zwei Abteilungsleitern, die er offensichtlich für wenig kompetent hält: Er unterbricht sie und erklärt ihnen wortreich, was sie alles falsch machen und wie er das alles anders machen würde – und dann kommt der Killersatz: «Aber ich habe hier ja nichts zu sagen» – so als wolle er mit dieser Unprofessionalität nicht in Verbindung gebracht werden. Dann herrscht regelmäßig betretenes Schweigen, die Stimmung ist auf dem Tiefpunkt, und Herr Freund gibt sich viel Mühe, die Arbeit der angegriffenen Kollegen zu verteidigen und Optimismus zu verbreiten. In subjektiv bester Absicht versucht er hier zu vermitteln, spricht dabei aber weder das Verhalten von Herrn Ochs direkt an, noch geht er auf die darin enthaltene inhaltliche Kritik ein.

Der zwischen ihm und Herrn Ochs bestehende Dissens über die Art der Führung bleibt ebenfalls unausgesprochen und sucht sich dann beim nächsten Mal wieder indirekte Ventile wie z. B. in der Bemerkung «Aber ich habe hier ja nichts zu sagen».
So entsteht allmählich ein Teufelskreis (vgl. Thomann, Schulz von Thun 1988 und Fischer-Epe, Epe 2007). Herr Ochs verhält sich kritisch-entwertend, Herr Freund hat Angst vor Streit und Disharmonie. Er beschwichtigt, wiegelt ab und übergeht die indirekte Kritik an seinem Führungsstil. Herr Ochs wiederum fühlt sich dann nicht ernst genommen und in seiner Meinung bestätigt, dass er hier der Einzige ist, der Klartext spricht, und verhält sich entsprechend kritisch-entwertend.

Die Visualisierung als Teufelskreis verdeutlicht dem Coachee, wie die Interaktion von beiden Seiten aufrechterhalten wird. Er erkennt seinen Anteil daran und versteht, dass er als Führungskraft einen Ausstieg finden muss, wenn der Konflikt nicht eskalieren soll.

Wenn sich die Abteilungsleiter bei Herrn Freund über den unerträglichen Umgangston und die selbstgefällige Kritik von Herrn Ochs beschweren, entsteht ebenfalls ein wiederkehrendes Muster: Herr Freund nimmt Herrn Ochs in Schutz, verweist auf seine hohe Fachkompetenz und seine guten Ergebnisse und versucht mit dem Hinweis «Na ja, wir kennen ihn doch alle», das Thema herunterzuspielen.

Der Teufelskreis zwischen Herrn Freund und Herrn Ochs

Laut Berichten der Abteilungsleiterkollegen betont Herr Ochs in Zweiergesprächen auch immer wieder, dass er der Einzige sei, der hier vernünftig arbeite, und der oberen Führungsriege ja anscheinend alles egal sei. Diese ziemlich deutliche Kritik, die ihn ärgert, hat Herr Freund bisher nicht aufgegriffen. Er versteht:

Je länger die Kritik von Herrn Ochs nicht gehört und die Erwartungen nicht an der richtigen Adresse geklärt werden, desto öfter sucht sie sich ein Ventil, und desto heftiger und unangemessener wird sie vermutlich vorgetragen.

Bedeutung und Sinn des Konflikts

Die Fragen zur nächsten Perspektive untersuchen den Sinn oder Nutzen, den die Angelegenheit haben könnte, z. B.:

- Wer könnte etwas davon haben, wenn alle so weitermachen wie bisher und den Konflikt nicht austragen? Wer profitiert von dem Konflikt?
- Was wäre erreicht, wenn dieser Konflikt gelöst wäre? Was wäre geklärt? Wer hätte was gelernt? Wozu hätte der Konflikt beigetragen, bzw. wobei hätte er geholfen?

Was hätte Herr Freund gewonnen, wenn es so weiterginge wie bisher? Er könnte dem lästigen Konflikt weiter aus dem Weg gehen und müsste sich nicht mit der inhaltlichen Kritik befassen – und auch nicht mit dem schlechten Benehmen von Herrn Ochs. Bisher hat er es ja immer geschafft, mit seinem kumpelhaften Stil durchzukommen und die Wogen zu glätten, obwohl es durchaus auch immer wieder Kritiker gab.

Aber jetzt wird in der Zusammenarbeit mit Herrn Ochs und dem Führungsteam etwas anderes verlangt: Herr Freund müsste sich durchringen und den notwendigen Mut aufbringen, klarere Ansagen zu machen, konsequenter für die Umsetzung von Vereinbarungen zu sorgen und damit auch Verbindlichkeit im Leitungsteam zu fördern. Der Konflikt enthält also ebenso einen Entwicklungsimpuls für ihn persönlich wie auch für die Entwicklung des Führungsteams.

Ressourcen für eine Lösung

Nachdem der Konflikt jetzt aus unterschiedlichen Perspektiven betrachtet und besser verstanden worden ist, sichten und sammeln Coach und Coachee noch einmal alle Ressourcen und Optionen, die für eine Lösung des Konflikts genutzt werden können, z. B. mit folgenden Fragen:

- Wer hat ein Interesse an der Lösung des Konflikts? Wer könnte zur Lösung des Konflikts beitragen?
- Wer hat bisher welche Lösungsversuche unternommen? Mit welchem Erfolg?
- Wer ist Ihnen wohlgesinnt und könnte Sie bei der Konfliktklärung unterstützen?
- Welche persönlichen Fähigkeiten und Stärken haben Sie, die Sie zur Lösung des Konflikts einsetzen können?
- Gibt es Situationen, in denen der Konflikt nicht auftritt? Was ist in diesen Situationen anders? Wie verhalten Sie sich in diesen Momenten? Wie schaffen Sie das? Wie könnten Sie sich öfter so verhalten?

Herr Freund ist fachlich anerkannt und bei Kollegen und Mitarbeitern menschlich beliebt, d. h., er muss nicht gleich fürchten, unten durch zu sein, wenn er mal einen Konflikt riskiert.

Herr Ochs ist ebenfalls ein guter Fachmann und hat seinen Verantwortungsbereich gut im Griff, es könnte also lohnen, seiner Kritik stärker auf den Grund zu gehen, statt sie zu verdrängen.

Herr Freund hat eine gute und langjährige Beziehung zu einem der beiden Geschäftsführer und zum Inhaber, der wiederum auch Herrn Ochs sehr schätzt. Insofern könnte der Inhaber auch vermitteln, falls Herr Freund selbst nicht weiterkommt.

Der Geschäftsführerkollege, der Herrn Freunds lockeren und unverbindlichen Führungsstil schon einige Male kritisiert hat, bringt seine Themen und Erwartungen immer sehr klar auf den Punkt, ohne dass es seiner Akzeptanz schadet. Herr Freund hat hier also ein Modell, von dem er sich inspirieren lassen kann.

Und es gab auch immer wieder Situationen, in denen Herr Freund und Herr Ochs gut und sehr erfolgreich zusammengearbeitet haben.

Persönliches Fazit

Wenn die unterschiedlichen Perspektiven ausgeleuchtet sind, werden die wichtigsten Erkenntnisse zusammengefasst. Anschließend geht es um die Frage, was der Coachee, unter Berücksichtigung aller gewonnenen Erkenntnisse, in diesem Konflikt erreichen möchte und wie er selbst zur Lösung beitragen kann, frei nach dem Motto: Change it, love it or leave it!

Der Coach hilft dem Coachee mit einigen weiterführenden Fragen, sein persönliches Fazit aus der vorangegangenen Analyse zu ziehen und sich für ein Vorgehen zu entscheiden:

- Was möchten Sie erreichen? Was wäre das absolute Minimum, mit dem Sie noch leben könnten? Was wäre das maximale Ziel?
- Was/wie könnten Sie selbst dazu beitragen, um dieses Ziel zu erreichen? Z. B.: Ihre Einstellung ändern? Ihr eigenes Verhalten ändern? Eine Klärung im Dialog suchen? Strukturen und Abläufe ändern?
- Wo sind Sie auf die Mithilfe von anderen angewiesen? Was brauchen Sie von anderen?
- Wie wollen Sie in diesem Konflikt weiter vorgehen?

Für Herrn Freund ist im Laufe der Perspektivenwechsel immer klarer geworden, dass er auf mehreren Ebenen etwas ändern muss:

Er möchte mit Herrn Ochs eine Klärung im Gespräch suchen. Dabei möchte er minimal erreichen, dass Herr Ochs versteht, wie schwierig sein Verhalten für Herrn Freund und andere ist. Sein Maximalziel wäre, dass Herr Ochs Einsicht zeigt und mit ihm Verhaltensänderungen vereinbart. Dieses Gespräch möchte er mit dem Coach gründlich vorbereiten. Es soll anders werden als bisher – aber wie? Herr Freund befürchtet, dass ihm sein generelles Harmoniebedürfnis immer wieder in die Quere kommen wird (vgl. Kapitel 5.2 und 5.3).

Und er möchte an der Zusammenarbeit im Führungsteam grundsätzlich etwas ändern. Hier gibt es Konflikte zwischen den Führungskräften, es fehlen Spielregeln zur Kooperation und Feedbackprozesse, und die Besprechungen müssten effizienter werden. Die Planung eines Teamworkshops war ja eigentlich sein vordergründiges Ziel, mit dem er ursprünglich ins

Coaching gekommen war. Wie man mit diesen Themen weiterarbeiten könnte, beschreiben wir in Kapitel 4.

Mit welchen Modellen und methodischen Schritten wir Führungskräften bei der konkreten Vorbereitung eines Konfliktgesprächs im Coaching helfen, beschreiben wir im folgenden Kapitel.

Diskussion

Die mehrperspektivische Konfliktanalyse hilft dem Coachee, bei verfahrenen Situationen und starker emotionaler Betroffenheit, die Lösungssuche zurückzustellen und den Blick zu weiten. Der Coachee gewinnt emotional Abstand und findet zu einer differenzierteren Einschätzung der Situation. Die Analyse macht das Thema zunächst größer und unübersichtlicher, und sie braucht ihre Zeit, aber die Investition lohnt sich. Beim Einnehmen der unterschiedlichen Perspektiven erkennt der Coachee meist auch seinen eigenen Beitrag zum Konfliktgeschehen und bekommt ein besseres Verständnis für die Motive des anderen. Dabei entstehen meist schon erste Lösungsideen und Impulse zum weiteren Vorgehen. Insofern kann der Coach zuversichtlich sein, dass sich viele der aufgeworfenen Fragen durch die systematische Reflexion von allein sortieren werden. Und er kann auf der Grundlage der gewonnenen Informationen besser begründen, wenn er eine Lösungsidee des Coachees nicht für sinnvoll hält. Im Fall von Herrn Freund rät er nach der Analyse des Konflikts davon ab, mit einer Teamintervention zu beginnen, wie es sich Herr Freund ursprünglich gewünscht hatte. Der Coach empfiehlt Herrn Freund, zunächst die Störung zwischen ihm selbst und

Herrn Ochs zu klären und dann zu entscheiden, wie er mit der Kritik an seinem Führungsstil und an den beiden Abteilungsleitern umgehen will, bevor er das ganze Führungsteam einbezieht.

5.2 Konfliktgespräche vorbereiten

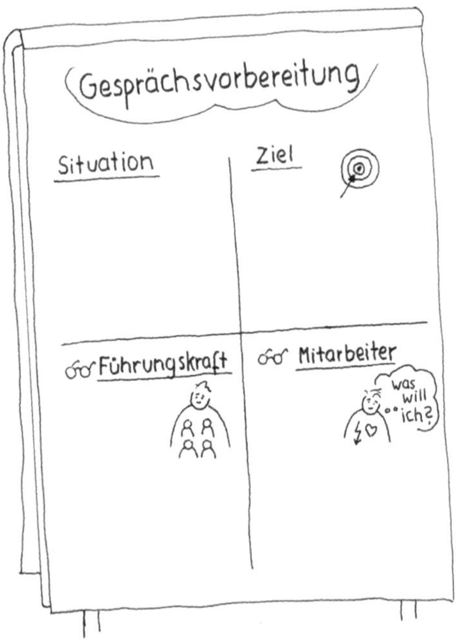

Nicht jeder Konflikt lässt sich im Gespräch klären oder lösen. Im Gegenteil: Oft stellt sich bei der gründlicheren Konfliktanalyse heraus, dass ein Gespräch nicht oder noch nicht sinnvoll ist und man andere Lösungswege suchen muss, z. B. weil die Beziehung keine Konfrontation verträgt, die Führungskraft sich das Gespräch (noch) nicht zutraut oder erkannt hat, dass sie zunächst für andere Rahmenbedingungen sorgen muss.

Wenn sich der Coachee aber entschieden hat, eine heikle Situation oder einen Konflikt im Dialog klären zu wollen, steht und fällt der Erfolg des Gesprächs oft mit einer guten inhaltlichen und emotionalen Vorbereitung. Im Coaching können einerseits die sachlichen Ziele und Argumente präziser formuliert werden. Gleichzeitig können erwartete Schwierigkeiten reflektiert und im übenden Rollenspiel bearbeitet bzw. aufgelöst werden. Dabei nutzen wir unterschiedliche Modelle.

Inhaltliche Vorbereitung

Um den Coachee auf ein Konfliktgespräch einzustimmen, nutzen wir wieder das Vier-Felder-Schema, das wir schon in Kapitel 3.2 ausführlicher beschrieben haben, und strukturieren die gedankliche Vorbereitung des Coachees anhand von vier Fragen:

Unter Berücksichtigung aller bisherigen Erkenntnisse – was ist wichtig und sollte Ihnen im Gespräch möglichst präsent sein:

- … zur Situation und den Rahmenbedingungen?
- … zu Ihrer Perspektive als Führungskraft?
- … zur Perspektive des Mitarbeiters?
- … zu Ihrer Gesprächsstrategie?

Gesprächsvorbereitung von Herrn Freund

Wenn vorher eine gründliche Konfliktanalyse stattgefunden hat – wie oben im Beispiel mit **Herrn Freund** –, sind wesentliche Schritte zur Gesprächsvorbereitung bereits getan, und es geht nur noch um eine zusammenfassende Visualisierung, die später beim Gesprächstraining als Leitfaden dienen kann.

Kritisches konstruktiv ansprechen

Wenn eine Konfliktklärung gelingen soll, müssen Führungskräfte auch in der Lage sein, Kritisches auf den Punkt zu bringen und es so anzusprechen, dass es für den anderen nicht entwertend wirkt. Als methodische Unterstützung nutzen wir hierfür wieder das Entwicklungsdreieck, das wir in Kapitel 3.4 für das Feedback in Entwicklungsgesprächen ausführlicher beschrieben haben. Wir unterscheiden mit dem Coachee drei Eckpunkte, die später im Gespräch angesprochen werden können (vgl. Schulz von Thun 1998/2000, Fischer-Epe 2002/2011):

- das **störende Verhalten**,
- den **positive Kern** dieses Verhaltens und
- die gewünschte **Entwicklungsrichtung.**

Zur Gesprächsvorbereitung für ein Konflikt- oder Kritikgespräch empfehlen wir Führungskräften, die drei Aspekte vorher schriftlich zu formulieren, sodass sie später im Gespräch präsent sind. Herr Freund könnte an Herrn Ochs formulieren:

- Sie sind ein hervorragender und selbstbewusster Experte, von dem manche Kollegen sehr profitieren könnten (**positiver Kern**).
- Wenn Sie Ihre Expertise allerdings so vehement und belehrend vortragen – wie in unserer Sitzung xy –, ziehen sich die Kollegen zurück und bleiben mit ihren eigenen Ideen und Kompetenzen auf der Strecke. Das können wir uns aber in der Zusammenarbeit nicht leisten (**kritisches Verhalten**).
- Deshalb erwarte ich von Ihnen, dass Sie sich kollegialer verhalten und die Kollegen fachlich unterstützen, statt sie vorzuführen (**Entwicklungsziel**).

Entwicklungsdreieck für Herrn Ochs

Diskussion

Die inhaltliche Vorbereitung eines Konfliktgesprächs mit dem Vier-Felder-Schema hilft dem Coachee, die Gedanken zu strukturieren und später im Gespräch konstruktiv auf den Punkt zu kommen. Dabei ist es besonders wichtig, den Coachee auch die Perspektive des Mitarbeiters ausloten zu lassen, um dessen Interessen im Gespräch besser wahrnehmen und berücksichtigen zu können und auf Interessenkonflikte besser vorbereitet zu sein.

Im Konflikt ist es manchmal schwer, sich nicht von Nebenthemen ablenken zu lassen. Die Ausrichtung auf ein minimales bzw. maximales Ziel und die Reflexion der eigenen Rollenerwartungen hilft dem Coachee, mit einer klaren Haltung ins Gespräch zu gehen und Kurs zu halten.

Für kritische persönliche Rückmeldungen im Rahmen von Konfliktgesprächen eignet sich das Entwicklungsdreieck als zusätzliche Vorbereitungshilfe.

Je schwieriger dem Coachee das bevorstehende Gespräch erscheint, desto wichtiger ist es, konkrete Sätze vorzuformulieren. Diese vorformulierten Sätze sollen im Gespräch später natürlich nicht wörtlich heruntergespult werden. Im konkreten Dialog reagiert man besser situationsbezogen. Der Coachee kann sie aber – unterstützt durch die Visualisierungen – als inneren Leitfaden und als Merkhilfe für das Gespräch nutzen.

5.3 Das Konfliktgespräch führen

Nach der inhaltlichen Vorbereitung kann das Gespräch im Rollenspiel mit dem Coach trainiert werden. Wir starten diese Rollenspiele meistens, indem wir als Coach die Mitarbeiterrolle übernehmen. Erst wenn der Coachee unsicher oder ratlos ist und eine Hilfestellung wünscht, werden die Rollen gewechselt, und der Coach zeigt dann modellhaft, wie man diese Gesprächspassage in der Führungsrolle anders gestalten könnte.

Wenn wir den Coachee erleben lassen wollen, wie seine Gesprächsführung wirkt und was sie beim Gegenüber bewirkt, werden ebenfalls die Rollen getauscht. Der Coach reagiert jeweils mit Nachfragen und Einwänden, wenn ihm etwas nicht plausibel scheint, und gibt dem Coachee nach kurzen Spielsequenzen immer wieder Feedback zur Wirkung seiner Gesprächsführung: Was ist gut gelungen, womit erreicht er sein Gegenüber? Was führt eher zu Verwirrung, Angst oder Abwehr?

In solchen Rollenspielen nutzen wir für das Feedback wiederkehrend auch das Modell von den «Vier Seiten der Kommunikation», damit der Coachee möglichst viel Übung darin bekommt, im Gespräch bewusst und gezielt zwischen sachlicher Mitteilung, Beziehungshinweis, Selbstmitteilung und Appell zu unterscheiden (vgl. Schulz von Thun 1998, in der Anwendung im Coaching ausführlich beschrieben in Fischer-Epe 2002/2011).

Als Gesprächsleitfaden bieten wir dem Coachee wieder eine möglichst einfache Struktur zur Orientierung an und unterscheiden im Prinzip dieselben vier Schritte wie bei jedem Führungsgespräch (vgl. Kapitel 3.3), die hier nur etwas anders gefüllt werden:

- Kontakt und Orientierung herstellen
- Situation und Ziele klären
- Lösungen entwickeln
- Transfer sichern

Kontakt und Orientierung herstellen

Wie bei jedem Führungsgespräch ist das Ziel der ersten Gesprächsphase, eine gute Basis für den Dialog zu schaffen und ein Einverständnis zum Vorgehen herzustellen. Im Konfliktfall ist es jedoch besonders wichtig, dass der Gesprächseinstieg sitzt: Die Führungskraft muss es trotz emotionaler Betroffenheit schaffen, Anlass und Ziel des Gesprächs sachlich prägnant und präzise zu vermitteln und gleichzeitig auch die Bedeutung des Themas aus der Führungsperspektive herauszustellen.

Für **Herrn Freund** ist das bereits eine größere Herausforderung. Obwohl er sich bei der gedanklichen Vorbereitung prägnante Sätze zum Einstieg überlegt hat, fällt es ihm im Rollenspiel sehr schwer, dem Konflikt und seinem Anliegen Bedeutung zu verleihen, z. B. durch Ich-Aussagen.

Situation und Ziele

Jetzt geht es darum, die unterschiedlichen Sichtweisen der Beteiligten zu erfassen und gegenseitig zu verstehen – und im optimalen Fall eine gemeinsame Sicht der Situation herzustellen. Dies ist die wichtigste und für die meisten Führungskräfte zugleich die schwierigste Phase im Konfliktgespräch: «Worum geht es mir als Ihrer Führungskraft, worum geht es Ihnen? Wie erleben Sie die Situation, wie erlebe ich die Situation? Was möchte ich erreichen, was möchten Sie erreichen?»

Dieser Dialog kann nur gelingen, wenn die Gesprächsanteile ausbalanciert sind. Insofern achtet der Coach in dieser Phase auch darauf, ob beide Seiten ausreichend zu Wort kommen und sich ausreichend Zeit nehmen, den anderen zu verstehen. Gelingt es dem Coachee, die Beschreibung des Gegenübers interessiert aufzunehmen und genauer nachzufragen – obwohl sie Kritik enthält oder zumindest eine andere Bewertung der Situation? Bemüht er sich darum, den anderen rational und emotional zu verstehen? Und schafft er es im Gegenzug auch, seine Erwartungen nachvollziehbar aus den Rollenanforderungen zu begründen? Wird das Wesentliche auf den Punkt gebracht? Bleiben die Gesprächsanteile balanciert? Bleibt das ganze konstruktiv und auf Augenhöhe – bei aller notwendigen Kritik?

Um das Verhältnis zwischen senden und zuhören im Gleichgewicht zu halten, empfehlen wir Führungskräften, diese Gesprächsphase mit einer **öffnenden Frage** zu beginnen (Wie sehen Sie das Thema? Was meinen Sie dazu? Wie erleben Sie die Situation?) und sich dann zu bemühen, zunächst die **Situation, Ziele und Wünsche des Gegenübers zu verstehen** – z. B. durch interessiertes Nachfragen, Zusammenfassen und Auf-den-Punkt-Bringen, was man verstanden hat. Das fällt nicht nur Führungskräften schwer. Die meisten Menschen können bei emotionaler Betroffenheit schwer aushalten, die eigene Sicht zurückzustellen und längere Zeit ausschließlich verstehend zuzuhören, wenn sie eigentlich widersprechen möchten. Sie verwechseln Verstehen mit Zustimmen oder Akzeptieren und fürchten, sich dann später mit ihrem Standpunkt nicht mehr durchsetzen zu können.

Wenn dem Coachee das aktive Zuhören schwerfällt, ist es oft hilfreich, ihn auch in die Mitarbeiterrolle wechseln zu lassen und als Coach die Rolle der Führungskraft zu übernehmen.

Der Coach kann dann direkt zeigen, was mit aktivem Zuhören gemeint ist und den Coachee selbst erleben lassen, wie förderlich es für die Konfliktklärung ist, wenn einem – trotz inhaltlichem Dissens – interessiert zugehört wird und man sich verstanden fühlt.

Erst wenn das Zuhören und Verstehen gelungen ist, sollte die Führungskraft ausführlich **Stellung nehmen**, d.h. die eigene Sicht, Wünsche, Rollenerwartungen, Ziele und Konsequenzen genauer formulieren und Unterschiede zur eigenen Sichtweise deutlich machen. Hier kann der Coachee das Entwicklungsdreieck nutzen und das Innere Führungsteam, um seine Rollenerwartungen deutlich zu machen. Der Coach gibt dann jeweils Feedback, inwieweit es dem Coachee gelingt, Kritisches konstruktiv anzusprechen, d.h. klar und nachvollziehbar in der Sache sowie wertschätzend in Ton und Stil – und wie plausibel er seine Erwartungen aus der Rolle heraus begründet.

Mit Herrn Freund, dem Coachee aus unserem Fallbeispiel, musste diese Phase mehrfach durchgespielt werden, weil er immer wieder durch Konjunktive und kleinmachende Einschränkungen und Floskeln («bisschen», «vielleicht», «wäre schön, wenn …») an Wirkung verlor und erst durch die Wiederholungen allmählich prägnanter wurde.

Lösungen entwickeln

Wenn beide Seiten sich zugehört und wirklich verstanden haben, wächst auch die Bereitschaft zu Kompromissen und Zugeständnissen. Jetzt geht es darum, Lösungsideen zu sammeln und Lösungen zu finden, mit denen beide Seiten leben können:

Was können beide Seiten beitragen, um den Konflikt zu lösen? Wie können die Ziele am besten erreicht werden? Wer müsste was tun? Was wäre der Preis?

Die Herausforderung heißt jetzt: den Mitarbeiter nach Vorschlägen und Lösungsideen zu fragen, obwohl man als Führungskraft vermutlich selbst schon Lösungen im Kopf hat und diese gern durchsetzen möchte.

In manchen Fällen muss die Führungskraft erst Rahmenbedingungen für eine Lösung schaffen, z. B. Arbeit umverteilen, Weiterbildungsmaßnahmen organisieren etc. Oder jemanden hinzuziehen, der den Konflikt «qua Amt» oder aufgrund größerer Erfahrung entscheiden bzw. als neutraler Dritter bei der Lösungssuche helfen kann. Manchmal braucht es auch nur etwas Zeit, in der beide Seiten die verschiedenen Lösungsmöglichkeiten noch einmal in Ruhe und mit Abstand überdenken und vielleicht ergänzen können.

Der Coach sollte also in dieser Gesprächsphase besonders darauf achten, ob es dem Coachee gelingt, aktiv zuzuhören und dabei eine gewisse Zeit der Lösungslosigkeit auszuhalten, ohne gleich mit eigenen Vorstellungen zu kommen.

Beim Gesprächstraining brauchte Herr Freund mehrere Übungsrunden, um den Mitarbeiter nicht vorzeitig aus seiner Verantwortung zu entlassen und keine faulen Kompromisse zu akzeptieren.

Dann muss es der Führungskraft gelingen, mit dem Mitarbeiter klare und verbindliche Vereinbarungen zum weiteren Vorgehen zu treffen und das Gespräch zu einem guten Abschluss zu bringen, z. B. durch eine motivierende Zusammenfassung oder ein wertschätzendes Feedback.

Was vereinbaren wir konkret? Welche Veränderungen beschließen wir? Wer macht was bis wann? Welche Probleme sind zu erwarten, und wie kann man ihnen begegnen?

Zum Ende des Gesprächs ist oft die Verführung groß, sich gegenseitig erleichtert und wohlwollend zuzunicken und ohne verbindliche Absprachen auseinanderzugehen.

Unserem Beispielcoachee Herrn Freund fiel es in dieser Phase des Gesprächs besonders schwer, bis zu einer konkreten und verbindlichen Vereinbarung im Gespräch zu bleiben. Als Vertriebler mit starkem Harmoniebedürfnis interpretierte er bereits das erste Nicken von Herrn Ochs als «Kaufsignal – und dann macht man den Sack zu» und beendete daraufhin das Gespräch vorschnell mit: «Dann sind wir uns ja einig, und darüber bin ich ehrlich gesagt sehr froh. Das packen wir beide schon.»

Kontakt finden – Orientierung schaffen	**Situation und Ziele herausarbeiten**	**Lösungen entwickeln**	**Transfer sichern**
Kontakt finden	Einschätzung des Mitarbeiters verstehen	Ressourcen nutzen/ Optionen prüfen	Fazit ziehen, zusammenfassen
Thema und Anlass prägnant ansprechen	Stellung nehmen: Kritisches konstruktiv ansprechen	Lösungsideen sammeln	Aufwand, Einwände und Risiken prüfen
Ziele und Rahmen des Gesprächs klären	Ziele und Bedürfnisse des Mitarbeiters erfragen	Lösungsoptionen durchspielen	Umsetzung konkretisieren und sichern
Einverständnis überprüfen	Ziele aus Führungssicht formulieren	Lösungsoptionen bewerten	Feedback zum Gespräch geben

Vier Schritte im Gespräch

Exkurs: Konflikte zwischen Mitarbeitern moderieren

Bei Konflikten zwischen Mitarbeitern oder mehreren Konfliktparteien sind Führungskräfte oft unsicher, welche Rolle sie einnehmen sollen, inwieweit sie sich überhaupt einmischen sollen und wie sie am besten vermitteln können.

Wenn sich eine Führungskraft im Coaching hierzu Unterstützung wünscht, gehen wir genauso vor wie oben beschrieben. Nach einer differenzierten Analyse der unterschiedlichen Perspektiven lassen wir den Coachee ein Fazit ziehen, was er als Führungskraft, unter Berücksichtigung aller gewonnenen Erkenntnisse, in diesem Konflikt erreichen möchte und wie er selbst am besten zur Lösung beitragen kann:

- Was möchten Sie erreichen? Was wäre das absolute Minimum, mit dem Sie noch leben könnten? Was wäre das maximale Ziel?
- Womit könnten Sie am besten dazu beitragen, dass dieses Ziel erreicht werden kann? Indem Sie Ihr Führungsverhalten, Strukturen und Abläufe ändern? Indem Sie eine Klärung über Einzelgespräche fördern, eine Klärung zwischen den Konfliktbeteiligten herbeiführen und moderieren? Indem Sie einen neutralen Moderator einsetzen?
- Wie wollen Sie zur Klärung dieses Konflikts weiter vorgehen?

Wenn sich der Coachee für eine Klärung im Dialog mit den Konfliktbeteiligten entscheidet, nutzen wir zur Gesprächsvorbereitung wiederum das Vier-Felder-Schema wie oben beschrieben. Beim Gesprächstraining liegt der Schwerpunkt dann auf der Rollenbalance: Wo muss der Coachee sich als Führungskraft positionieren, Strukturen setzen und klare Erwartungen aussprechen – und wo muss er zwischen den Parteien vermitteln und das Gespräch eher moderieren?

Diskussion

Nach unserer Erfahrung ist das konkrete Gesprächstraining mindestens ebenso wichtig wie die gedankliche Vorbereitung auf ein Konfliktgespräch. Oft zeigt sich erst im Rollenspiel, was der Coachee schnell umsetzen kann und wo die persönliche Entwicklungsherausforderung liegt.

Während der Coach sonst auf die subjektiven Schilderungen des Coachees und damit weitgehend auf Informationen aus zweiter Hand angewiesen ist, hat er jetzt die Chance, den Coachee im Originalton zu hören und in Aktion zu erleben. Er kann gezielt Feedback und Übungsanregungen geben, wenn der Coachee im Rollenspiel nicht zuhört, unklar bleibt oder den Konflikt schürt, statt ihn zu klären.

Hierin liegt aber auch eine Herausforderung: Der Coachee braucht Vertrauen, um sich auf solche Dialog-Rollenspiele einzulassen. Er begibt sich auf unsicheres Terrain und kann Fehler machen. Insofern sollte der Coach versuchen herauszufinden, was es dem Coachee leichter macht, sich im Rollenspiel zu zeigen. Wir nutzen das Bild vom Pausenknopf, mit dem Coach und Coachee den (Rollenspiel-)Film jederzeit anhalten können.

Für manche Führungskräfte ist es wichtig, sofort und eher kleinteilig Anregungen zu bekommen, wie sie im Gespräch etwas besser machen können. Andere dagegen möchten erst einmal das ganze Gespräch oder zumindest weite Passagen durchspielen können, um zu prüfen, ob ihre Gesprächsstrategie insgesamt aufgeht. Erst danach sind sie bereit, mit dem Coach zu reflektieren, welche Teile des Gesprächs bereits gut laufen und was sie noch optimieren können.

Wie gut kann ich …	weniger gut	gut	sehr gut
… Konflikte wahrnehmen und ernst nehmen?			
… Polarisierungen und Teufelskreise frühzeitig erkennen?			
… Konflikte im Kontext von Rollen und Aufgaben verstehen?			
… im Konflikt den Überblick behalten?			
… mich in die andere Seite einfühlen?			
… der anderen Seite zuhören?			
… heikle Dinge offen benennen?			
… Kritisches konstruktiv ansprechen?			
… Spannungen und vorläufige Lösungslosigkeit aushalten?			
… mich und meine Situation erklären?			
… über meine Gefühle sprechen?			
… meine Interessen vertreten?			
… mich durchsetzen?			
… vom Problem ablassen und zur Lösungssuche übergehen?			
… nach fairen Lösungen suchen?			
… im Konflikt vermitteln?			
… auf Vergeltung verzichten?			
… nachgeben?			
… verzeihen?			
… mich entschuldigen und um Verzeihung bitten?			

Konfliktkompetenz (vgl. Fischer-Epe, Epe 2007/2011)

Anhang

Kurzversionen – Das Buch im Schnelldurchgang

In diesem Kapitel finden Sie kurze Zusammenfassungen der wesentlichen Fragen und Schritte zur Bearbeitung unterschiedlicher Führungsthemen.

Bitte nutzen Sie diese Zusammenfassungen als Anregung und nicht als starre Konzepte. Der Coaching-Prozess soll individuell auf die persönlichen Anliegen und die konkrete Führungssituation des Coachees eingehen. Insofern müssen Coach und Coachee immer wieder neu entscheiden, welche einzelnen Vorgehensschritte gerade sinnvoll sind bzw. wie gründlich ein Schritt bearbeitet wird.

Rollen- und Führungsverständnis entwickeln

Zu Kapitel 1.1 Führungsanforderungen klären

Einstimmung: Zielbild entwickeln

Es sind zwei Jahre vergangen, und die Abteilung hat sich unter Ihrer Leitung prächtig entwickelt.

- Was haben Sie da erreicht? Wie steht die Abteilung da?
- Wie arbeiten Sie im Team zusammen?
- Wie funktionieren Führung und Zusammenarbeit?

Führungsvorbilder und -werte reflektieren

Wenn Sie zurückdenken an die Vorgesetzten und Führungskräfte, die Sie selbst bisher erlebt haben oder an Menschen, bei denen Sie Führung erlebt haben (Eltern, Großeltern, Trainer, Lehrer etc.):

- Wen gab es da, an die oder den Sie positive Erinnerungen haben? Wo würden Sie sagen: Das war gelungene Führung?
- Wer hat Sie besonders beeindruckt/gefordert/gefördert/begeistert/gestört?
- Welche persönlichen Werte sollen Ihr Führungshandeln leiten? Wofür wollen Sie stehen?

Führungsaufgaben und Rollenanforderungen verstehen

- Was sind für Sie die Kernaufgaben von Führung?
- Welche Vorstellung/Modelle von Führung gibt es in Ihrem Unternehmen?

Bei Bedarf ergänzen/abgleichen mit Hilfe des Modells vom Inneren Führungsteam (die Führungskraft als Unternehmer, Experte, [Team-]Coach und als betroffener Mensch):

- Was fällt Ihnen auf, wenn Sie dieses Modell mit Ihren bisherigen Gedanken vergleichen?
- Was würden Sie selbst sagen, welche Rollenaspekte Sie bereits gut füllen, und wo sehen Sie Entwicklungsbedarf bei sich?

Rollen- und Erwartungslandschaft reflektieren

Die relevanten Erwartungen an den Coachee zusammentragen und den unterschiedlichen Rollenaspekten zuordnen:

- Welche Erwartungen haben Ihre Vorgesetzten / Ihre Mitarbeiter / Kunden / Kollegen an die unterschiedlichen Aspekte Ihrer Führungsrolle (als Vertreter des Unternehmens / als Experten / als Coach / als Mensch)?
- Wo sehen Sie Ihre Stärken und Entwicklungsfelder?

Selbsteinschätzung vornehmen

Der Coachee bewertet sich selbst zu jeder Erwartung auf einer Zehnerskala und entwickelt so sein individuelles Anforderungsprofil. Die dabei deutlich werdenden Defizite werden zu Entwicklungsthemen und -aufgaben umformuliert und konkretisiert:

- Was müssten Sie konkret tun / lernen / unterlassen, um diese Erwartung besser erfüllen zu können … den Wert auf der Zehnerskala um einen oder zwei Punkte verbessern zu können?

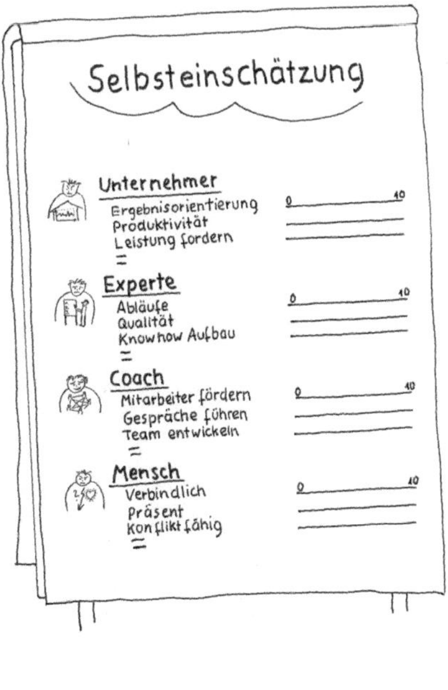

Zu Kapitel 1.2 Führungssituation analysieren

Einstieg mit Fragen zur Situation und Vorgeschichte, zu den Rahmenbedingungen und den persönlichen Zielen des Coachees:

Bei Bedarf wird dann zu einer systematischen Bestandsaufnahme vertieft, z. B. mit dem Modell der 3 × 4 Perspektiven: Was läuft gut, wo gibt es Ressourcen und Potenziale? Wo gibt es Konflikte und Entwicklungsthemen? Wo besteht akuter Handlungsbedarf?

Fachlicher Auftrag und inhaltliche Arbeit (Fach- und Feldkompetenz)

Perspektive Team/Führungsbereich

- Wie ist die fachlich-inhaltliche Qualität der Arbeit?
- Wie hoch ist die Fachkompetenz der Mitarbeiter gemessen am Leistungsauftrag?
- Welche Ressourcen gibt es, wo besteht Qualifizierungsbedarf?

Perspektive Unternehmen

- Wie hoch ist die Fachkompetenz, Produkt- und Dienstleistungsqualität im gesamten Unternehmen?
- Welches Ansehen/welche Akzeptanz genießt der Unternehmensbereich des Coachees?

Perspektive Person

- Was bringt die Führungskraft mit an Fachkompetenz und Erfahrung?
- Welches Ansehen/welche Akzeptanz genießt sie als Experte?
- Wieweit kann sie die fachlich-inhaltliche Arbeit der Mitarbeiter selbst beurteilen?

Organisation und Ablaufsteuerung (Methodenkompetenz)

Perspektive Team/Führungsbereich

- Wie sinnvoll sind Abläufe, Informationsfluss und Ergebniskontrolle im Team organisiert?
- Wie laufen Entscheidungsprozesse?
- Wie ist die Qualität von Prozess- und Projektmanagement?
- Wie effizient werden Sitzungen gestaltet und moderiert?

Perspektive Unternehmen

- Wie sinnvoll/effizient sind Aufbau und Ablauforganisation/Informationsfluss/Sitzungssysteme/Entscheidungsprozesse im Unternehmen organisiert?
- Welche methodische Unterstützung (Instrumente) bekommen die Führungskräfte für die Personal- und Organisationsentwicklung?

Perspektive Person

- Was bringt die Führungskraft selbst mit an Managementkompetenzen/Projekterfahrung/Organisationstalent/Moderationskompetenz?

Kooperation (soziale und personale Kompetenz)

Perspektive Team/Führungsbereich

- Wie motiviert/engagiert/verantwortungsvoll/kundenorientiert arbeitet das Team?
- Wie ist das Arbeitsklima? Wie werden Konflikte geregelt?
- Welche Spielregeln gibt es für die Kooperation?
- Wie gerecht ist die Arbeit verteilt?

Perspektive Unternehmen

- Wie ist das Klima im Unternehmen/die Führungskultur?
- Welche (heimlichen) Spielregeln gelten im Umgang mit Entscheidungen/Macht/Konflikten?
- Gibt es ein Unternehmensleitbild/Führungsgrundsätze? Wie glaubwürdig wird das gelebt?

Perspektive Person

- Wie motiviert/engagiert/verantwortungsvoll/kundenorientiert/konfliktfähig/belastbar arbeitet die Führungskraft?
- Welche Werte vermittelt sie/welches Klima verbreitet sie?
- Wofür ist sie Modell, wofür (noch) nicht?

Ziele und Strategien (strategische Kompetenz)

Perspektive Team/Führungsbereich

- Wie transparent sind den Mitarbeitern die Ziele und Strategien für das Team/diesen Bereich?
- Wieweit werden diese Ziele akzeptiert/mitgetragen?
- Wo gibt es Klärungsbedarf?

Perspektive Unternehmen

- Wie transparent sind die Ziele und Strategien des gesamten Unternehmens?
- Wieweit werden diese Ziele akzeptiert/mitgetragen?
- Wo gibt es Klärungsbedarf?

Perspektive Person

- Wie steht die Führungskraft selbst zu den Zielen und Strategien des Unternehmens?
- Wie steht die Führungskraft zu den Zielen für den eigenen Verantwortungsbereich?

Zu Kapitel 1.3 Wie passt die Rolle zur Person?

Motive und Bedürfnisse

Die Bedürfnisse nach ihrer persönlichen Bedeutung für den Coachee in eine Rangreihenfolge bringen oder auf einer Zehnerskala bewerten lassen, so dass ein persönliches Bedürfnisprofil entsteht (vgl. Fischer-Epe 2004/2007, S. 97 f.).

Prüfen, wieweit die aktuelle Führungssituation bzw. die maßgeblichen Rollenanforderungen zur individuellen Bedürfnisstruktur des Coachees passen:

- Welche Bedürfnisse werden wodurch in der aktuellen (oder angestrebten) Arbeitssituation befriedigt?
- Was steht den eigenen Bedürfnissen entgegen?
- Welche wichtigen Wünsche und Bedürfnisse bleiben dauerhaft unerfüllt?

Einstellungen und Überzeugungen

Hinderliche Einstellung oder Überzeugung als Leitsatz formulieren und dann aus unterschiedlichen Perspektiven genauer untersuchen:

Ressourcen:

- Welcher **positive Kern** steckt in dieser Überzeugung?
- Welche **Fähigkeiten** muss jemand haben, der nach dieser Überzeugung lebt?

Gegenteil:

- Wie würde sich jemand verhalten, der vom Gegenteil überzeugt ist?

Auswirkungen:

- Was bewirkt diese Überzeugung, unabhängig davon, ob Sie es selbst wollen oder nicht?
- Welche Auswirkungen hat diese Überzeugung auf Sie selbst und auf andere?
- Was ist der **Gewinn**? Was ist der **Preis**?
- Welche weiteren Auswirkungen könnte sie noch haben?

Würdigung:

- Wofür war diese Überzeugung bisher hilfreich?
- Wovor hat Sie diese Überzeugung bisher in Ihrem Leben bewahrt?
- Wofür könnten Sie ihr dankbar sein?

Veränderung:

- Angenommen, Sie könnten diese Überzeugung verändern oder loslassen, was wäre dann anders in Ihrem Leben?
- Wie würden Sie dann anders denken/fühlen/sich verhalten?
- Was hätten Sie gewonnen und was wäre der Preis?

Fazit:

- Welche Perspektive war neu oder wichtig für Sie?
- Wenn Sie jetzt zurückschauen auf Ihren Leitsatz zu Beginn: Was möchten Sie beibehalten? Was möchten Sie neu formulieren?
- Wie sollte/könnte ein persönlicher Leitsatz heißen, der heute besser für Sie/zu Ihrer Lebens- und Arbeitssituation passt?

Lebenssituation und Lebensentwurf

Standortbestimmung mit dem Haus des Lebens

Lebenssituation:

- Worauf können Sie in den unterschiedlichen Lebensbereichen bauen? Was haben Sie zur Verfügung?
- Was läuft gerade richtig gut? Woraus gewinnen Sie Kraft und Energie?

- Wo gibt es zurzeit Baustellen und Belastungen? Was kostet Kraft? Wo sind Energieräuber?
- Was kommt zu kurz?

Lebensentwurf:

- Wie soll Ihr Leben langfristig aussehen? Wie sollen sich die unterschiedlichen Lebensbereiche entwickeln?
- Was ist Ihnen wirklich wichtig? Wofür wollen Sie sich einsetzen?
- Was gibt Ihrem Leben Sinn?
- Welche Werte sollen Ihr Handeln leiten?
- Worauf möchten Sie später (zum Ende Ihres Lebens) stolz sein?

Orientierung geben – strategische Ausrichtung schaffen

Zu Kapitel 2.1 Den Unternehmensrahmen klären

- Was ist der Unternehmenszweck? Wofür gibt es Ihr Unternehmen?
- Gibt es eine explizite Mission? Wofür steht Ihr Unternehmen?
- Welche Leistungen hat sich Ihr Unternehmen auf die Fahne geschrieben?
- Gibt es explizit formulierte Ziele, wie z. B. definierte Ertragsziele, Kostenziele, Innovationsziele, das Erobern neuer Märkte, Steigerung der Kundenzufriedenheit, Prozessoptimierungen etc.?

- Was möchte oder muss Ihr Unternehmen zurzeit gerade besonders beachten?
- Welche Erwartungen hat das Unternehmen/der Vorstand an Sie und Ihren Verantwortungsbereich?
- Wie tragen Sie mit Ihrem Bereich zum Erfolg des Unternehmens bei?

Zu Kapitel 2.2 Ein Zukunftsbild entwickeln

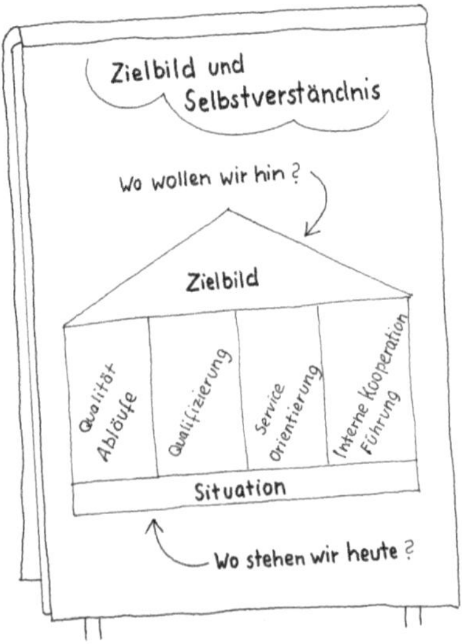

Stellen Sie sich Ihren Verantwortungsbereich in einem bis zwei Jahren vor: Alles ist top gelaufen, Sie konnten Ihre Ideen verwirklichen und sind optimal für die Zukunft aufgestellt. Alles läuft so, wie Sie es sich vorgestellt haben, Sie können Ihre Fähigkeiten optimal einsetzen. Alle im Team ziehen mit!

- Wie sieht Ihr Bereich dann aus? Welche Bedeutung hat er dann im Unternehmen?
- Was wird das Team zum Zeitpunkt x leisten? Wie ist die Ausrichtung im (internen) Markt?
- Was stellen Sie her? Was stellen Sie zur Verfügung?
- Wie haben sich Arbeitsqualität und Arbeitsabläufe entwickelt?
- Welche Kompetenzen haben Sie dann aufgebaut?
- Wie sichern Sie die weitere Qualifizierung?
- Wie ist das Kunden- und Serviceverständnis im Team?
- Was zeichnet die interne Zusammenarbeit, Kommunikation und Führung aus?
- Wenn Sie das alles zusammenfassen: Mit welchen fünf bis acht Kernbotschaften würden Sie Ihren Zukunftsentwurf beschreiben?
- Welche Chancen liegen darin? Welchen Nutzen sehen Sie?
- Wo befürchten Sie Risiken oder negative Konsequenzen?
- An welcher Stelle/wie möchten Sie Ihr Team einbinden?

Zu Kapitel 2.3 Handlungsfelder definieren

- Wie weit sind Sie von Ihrem Zukunftsbild entfernt?
- Wo sehen Sie die Stärken und Schwächen Ihrer Abteilung/Ihres Teams gemessen an diesem Ziel?
- Welche Baustellen müssen bearbeitet werden?
- Was müsste man anpacken, um diesem Ziel näher zu kommen?

Zu Kapitel 2.4 Maßnahmen ableiten

- Was müssen wir konkret tun?
- Wer macht was (mit wem) bis wann?
- Was könnte schwierig werden?
- Wer braucht welche Unterstützung?
- Wie hoch ist der Aufwand?
- Was sind die nächsten Schritte, und wie geht es danach weiter?

Unternehmens-rahmen klären	**Zukunft entwerfen**	**Handlungsfel-der definieren**	**Maßnahmen ableiten**
Wofür stehen wir?	*Wo wollen wir hin?*	*Was müssen wir tun?*	*Was werden wir tun?*
Vision und Mission des Unternehmens beschreiben	Zukunftsbild entwerfen	Stärken und Schwächen bewerten	Umsetzung konkretisieren
Unternehmens-ziele beschrei-ben	Kernbotschaften formulieren	Handlungsfelder definieren	Aufwände einschätzen
eigenen Beitrag zu den Unter-nehmenszielen definieren	Chancen und Risiken bewerten	Handlungsfelder priorisieren	Umsetzung sicherstellen

Schritte zur strategischen Ausrichtung

Mitarbeiter fordern, fördern, coachen

Zu Kapitel 3.1 Mitarbeiter systematisch fördern

Anforderungen definieren

- Was ist heute und in Zukunft der Leistungsauftrag für das Team? Wie ist Ihr mittel- und langfristiger Zukunftsentwurf für Ihr Team?
- Wenn Sie dieses Ziel mit dem Team erreichen wollen, auf welche Qualifikationen wird es in den nächsten zwei bis drei Jahren besonders ankommen? Was müssen die Mitarbeiter beherrschen (wissen und können), um dieses Ziel zu erreichen?

- Welche fachlichen, methodischen, sozialen oder persönlichen Kompetenzen werden die Mitarbeiter brauchen – zusätzlich zu dem, was sie bisher schon gut leisten können?
- Angenommen, Sie stehen vor einem «Wünsche-Regal» voller Kompetenzen und könnten sich frei bedienen? Was würden Sie herausgreifen?

Mitarbeiter- und Teampotenzial analysieren

Die Kompetenzen werden in eine Tabelle eingetragen und dann wird jeder Mitarbeiter zu jeder Kompetenz auf einer Zehnerskala unter drei Aspekten bewertet:

- Wie wichtig ist diese Anforderung für die Erfüllung der Aufgabe/Funktion des Mitarbeiters? Welchen Wert müsste er im Zeitraum x erreichen? (SOLL)
- Wie gut entspricht er der Anforderung bereits jetzt? (IST)
- Wie schätzt die Führungskraft das Entwicklungspotenzial des Mitarbeiters für diese Anforderung in einem Zeitraum x ein? (POT)

Kompetenzen	Erfolgskriterium 1			Erfolgskriterium 2			Erfolgskriterium 3			…
Mitarbeiter	IST	SOLL	POT	IST	SOLL	POT	IST	SOLL	POT	
Gesamtpotenzial im Team										

IST = Vom Mitarbeiter gezeigte Leistung (1–10)
SOLL = Erforderliche Leistung für die Aufgabe
POT = Vermutetes Potenzial des Mitarbeiters

Entwicklungsziele und -maßnahmen definieren

- Welche Entwicklungsziele ergeben sich aus der Analyse für jeden einzelnen Mitarbeiter/für das gesamte Team?
- Wie und mit welchen Fördermaßnahmen können die anstehenden Lern- und Entwicklungsprozesse bei jedem Einzelnen/im Team sinnvoll unterstützt werden?
- Welche Form von Unterstützung wäre sinnvoll (z.B. eine bessere Einarbeitung, Hospitation oder ein «Training on the Job»)?
- Oder geht es vielmehr um einen besseren Wissens- und Erfahrungstransfer im Team?
- Wie intensiv kann bzw. muss die Führungskraft den Lernprozess einzelner Mitarbeiter begleiten und dabei auch selbst eine «coachende» Haltung einnehmen?
- Wie intensiv muss man sich um die Teamentwicklung kümmern?

Zu Kapitel 3.2 Entwicklungsgespräche vorbereiten

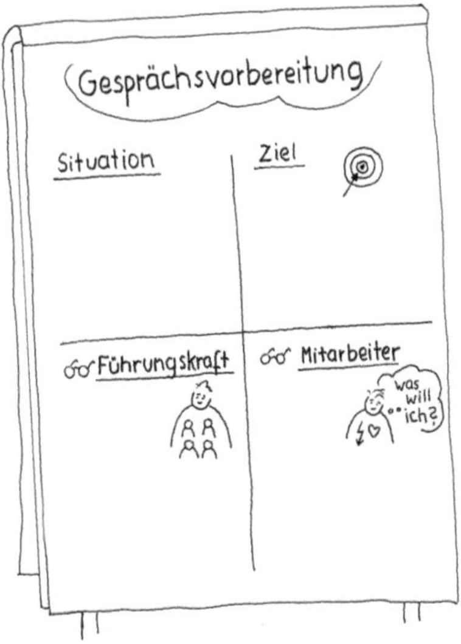

Gesprächsvorbereitung mit dem Vier-Felder-Schema

Situation

- Welche Rahmenbedingungen sind wichtig und sollten Ihnen im Gespräch möglichst präsent sein?

Perspektive Führungskraft

- Angenommen, es ist einige Zeit vergangen und der Mitarbeiter hätte sich genau so entwickelt, wie Sie es von ihm erwarten, was wäre dann gewonnen:

- aus unternehmerischer Sicht?
- aus der Sicht des Experten?
- aus der Perspektive des (Team-)Coachs?
- für Sie ganz persönlich?

Perspektive Mitarbeiter

- Angenommen, Sie versetzen sich in die Situation des Mitarbeiters: Wie schätzen Sie selbst Ihre Leistung ein? Worin sind Sie gut? Worin nicht?
- Was wird zukünftig vom Unternehmen von Ihnen erwartet?
- Wie stehen Sie zu Ihrer Führungskraft?
- Mit welchen Wünschen, Zielen und Erwartungen werden Sie ins Gespräch kommen?

Gesprächsstrategie

- Was möchten Sie mit dem Gespräch minimal/maximal erreichen? Wann wäre das Gespräch erfolgreich?
- Was würden Sie gerne in diesem Gespräch auf den Punkt bringen/vereinbaren?
- In welcher Atmosphäre soll das Gespräch stattfinden?
- Wie wollen Sie vorgehen? Worauf wollen Sie besonders achten?
- Was wird Ihre persönliche Herausforderung sein?

Zu Kapitel 3.3 Das Gespräch führen

Übungssituationen zu den vier Gesprächsphasen anbieten, dabei vor allem den Wechsel von Zuhören und Stellungnehmen trainieren.

Kontakt und Orientierung schaffen	**Situation und Ziele klären**	**Lösungen entwickeln**	**Transfer sichern**
Kontakt finden	Selbsteinschätzung und Fremdeinschätzung des Mitarbeiters abgleichen	Ressourcen nutzen	Fazit ziehen, zusammenfassen
Thema und Anlass nennen	Entwicklungsziele des Mitarbeiters erfragen	Lösungsideen sammeln	Aufwand, Einwände und Risiken prüfen
Ziele und Rahmen des Gesprächs klären	Führungssicht aufzeigen und begründen	Lösungsoptionen durchspielen	Umsetzung konkretisieren
Einverständnis überprüfen	Entwicklungsziele formulieren und Kontrakt finden	Lösungsoptionen bewerten	Feedback zum Gespräch

Schritte im Entwicklungsgespräch

Zu Kapitel 3.4 Konstruktiv Feedback geben

Bedeutung von Feedback als zentralem Führungsinstrument reflektieren und bisherige Erfahrungen mit Feedback erfragen:

- Wann haben Sie selbst das letzte Mal positives Feedback bekommen? Wie hat es gewirkt, bzw. was hat es bei Ihnen bewirkt?
- Wann haben Sie das letzte Mal kritisches Feedback bekommen? Wie hat es gewirkt, bzw. was hat es bei Ihnen bewirkt?
- Wie muss ein Feedback beschaffen sein, damit Sie es annehmen und für sich nutzen können?

Trainieren, beim Feedback vier Aspekte zu unterscheiden:

- die Situation, in der etwas Positives/Kritisches aufgefallen ist,
- das beobachtete Verhalten,
- die Wirkung, die dieses Verhalten erzeugt hat und
- den Wunsch bzw. die Erwartung an den Mitarbeiter.

Kritisches konstruktiv ansprechen

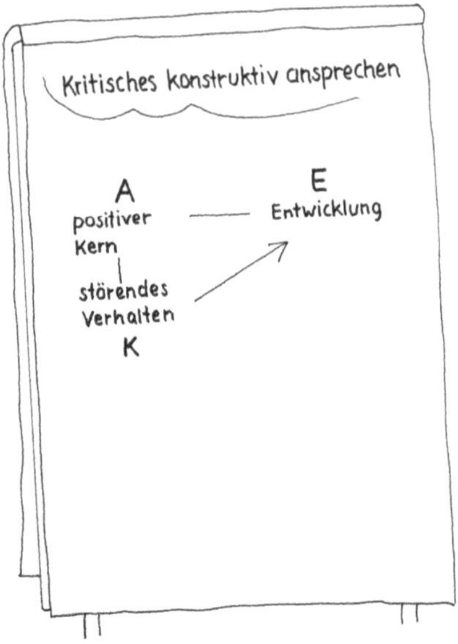

Entwicklungsdreieck (vgl. Schulz von Thun 1998)

Bei kritischen persönlichen Rückmeldungen drei Aspekte ansprechen:

Das **störende Verhalten**

- Was stört genau? Welches Verhalten stört in welchen Situationen besonders, und welche negativen Auswirkungen hat das?

Den **positiven Kern** dieses Verhaltens

- Welche Kompetenz oder Ressource erkennen Sie – trotz Ihrer Kritik – in dem störenden Verhalten des Mitarbeiters?

Die gewünschte **Entwicklungsrichtung**

- Welche ergänzende Kompetenz müsste der Mitarbeiter stärker entwickeln?

Teams erfolgreich führen

Zu Kapitel 4.1 Teamsituation analysieren

Reflexion der Vorgeschichte und Rahmenbedingungen:

- Wie ist der Entwicklungsprozess des Teams bisher verlaufen?
- Welche Rahmenbedingungen sind wichtig?
- Welche Veränderungen gab es in der letzten Zeit?

Ziele und Erfolgskriterien Teamarbeit:

- Angenommen, das Team würde optimal zusammenarbeiten, was wäre damit erreicht?
- Was könnte ein erfolgreiches Team besser lösen als einzelne Mitarbeiter?
- Wer muss eigentlich wozu erfolgreich zusammenarbeiten?
- Was würde es bedeuten, wenn sich nichts ändert?

Erste Einschätzung aus drei Perspektiven:

- Was läuft gut in der **Team**arbeit? Wo sind Ressourcen und Potenziale? Wo sind Konflikte und Entwicklungsthemen?
- Wo ist akuter Handlungsbedarf?
- Welche Rolle spielt der **Unternehmenskontext**?
- Welchen Beitrag leistet die **Führungskraft**? Womit fördert sie, womit behindert sie erfolgreiche Teamarbeit?

Bei Bedarf systematische Vertiefung der Bestandsaufnahme aus 3 × 4 Perspektiven mit dem Fokus auf das Team:

Ziele und Zukunftsorientierung, z. B.:

- Wie transparent sind den Mitarbeitern die Ziele und Strategien für das Team/diesen Bereich?
- Wieweit werden diese Ziele akzeptiert/wurden mitentwickelt/werden mitgetragen?

- Wieweit/wie intensiv beschäftigen sich die Mitarbeiter mit zukünftigen Entwicklungen in der Branche?
- Gibt es gemeinsame Zukunftsvorstellungen?
- Gibt es Zielkonflikte im Team bzw. mit Nachbarbereichen?
- Woran wird der Erfolg der Abteilung gemessen?

Fachkompetenz, z. B.:

- Wie ist die fachlich-inhaltliche Qualität der Arbeit?
- Welche besonderen Qualifikationen/Ressourcen gibt es, wo besteht Qualifizierungsbedarf?
- Wie nutzt das Team seine Experten?
- Wie wird fachliches Lernen organisiert?
- Wie viel Fachkompetenz und Erfahrung bringt die Führungskraft mit? Wieweit kann sie fachlich mitreden und den fachlichen Output beurteilen?

Organisation und Ablaufsteuerung, z. B.:

- Wie sinnvoll sind Abläufe organisiert?
- Wie (gut) läuft das Zusammenspiel mit anderen Unternehmensbereichen?
- Wie werden Leistung und Erfolg konkret gemessen?
- Wie werden Ergebnisse kontrolliert?
- Wie transparent laufen Entscheidungsprozesse?
- Wie sinnvoll/gerecht sind die Aufgaben verteilt?

- Wie sinnvoll/effektiv läuft die formelle Kommunikation (Informationssysteme, Sitzungsstruktur)?
- Wie gut fühlen sich die Mitarbeiter informiert?
- Wie werden Ziele und Aufgaben priorisiert?
- Welche Eskalationswege gibt es, und wie werden sie genutzt?

Kooperation, z. B.:

- Wie motiviert, engagiert, verantwortungsvoll, kundenorientiert arbeitet das Team?
- Wie aufgeschlossen sind die Mitarbeiter für Veränderungen und neue Entwicklungen?
- Wie (offen) werden Konflikte geregelt?
- Wie (konstruktiv) wird Kritik geäußert?
- Welche Spielregeln gibt es für die Kooperation?
- Wie werden Erfolg und Leistung belohnt?
- Wie gehen die Mitarbeiter mit Fehlern um?
- Wie (offen und wertschätzend) laufen Feedbackprozesse?
- In welchem Maß findet gegenseitige Unterstützung statt?
- Wie selbstverständlich teilen Mitarbeiter ihr Wissen, wie selbstverständlich lernen sie voneinander?

Vertiefung: Gruppenprozesse verstehen

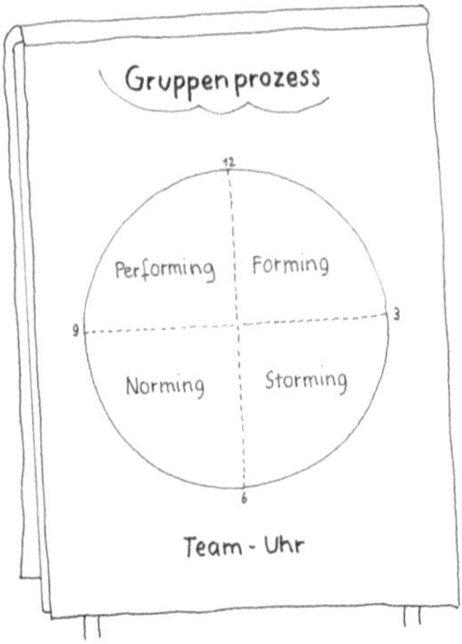

Mit dem Coachee überlegen, in welcher Entwicklungsphase sich sein Team gerade befindet und mit welchem Führungsverhalten man die weitere Entwicklung sinnvoll fördern kann. Dafür z. B. die Team-Uhr (vgl. Tuckman 1965/1977) nutzen und die Prozessphasen kurz erklären:

- **Zusammenkommen:** Orientierung schaffen, Rahmenbedingen klären, Kennenlernen, Spielregeln und Vereinbarungen treffen (Forming).
- **Zusammenraufen:** Konflikte aufgreifen – Ziele und Erwartungen klären (Storming).
- **Abgestimmt arbeiten**: Kooperation und Feedback fördern, Standards zur Zusammenarbeit sichern, ermutigen, unterstützen, beteiligen (Norming).

- **Rundlaufen:** Selbststeuerung und Ergebnisverantwortung des Teams fördern, mit übergeordneten Zielen und neuen Themen anregen (Performing).

Vertiefung: Persönlichkeitsunterschiede verstehen

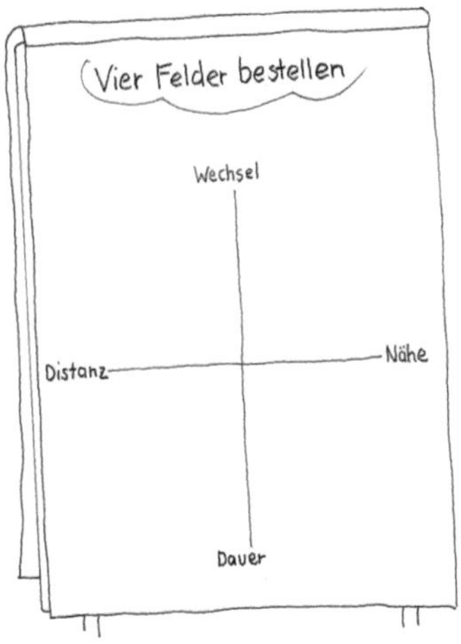

Vier Grundstrebungen der Persönlichkeit kurz erklären und den Coachee sich selbst und die wichtigsten Teammitglieder in Bezug auf diese vier grundsätzlichen Bedürfnisse einschätzen lassen.

Die Einschätzung auf einer «Vier-Felder-Landkarte der Bedürfnisse» visualisieren – entweder am Flipchart oder, wenn vorhanden, als Aufstellung mit kleinen Holzfiguren oder anderem Material.

Mit dem Coachee überlegen, durch welches konkrete Handeln die vier Grundbedürfnisse in der aktuellen Arbeitssituation berücksichtigt werden können und wieweit der Coachee bereits dazu beiträgt, dass die vier Felder in seinem Team «gut bestellt» sind.

Wechsel

	Quadrant: Distanz / Wechsel FK fördert / sorgt für … – Freiraum, Individualität, Eigenverantwortung – Querdenken und Innovation – Antizipation zukünftiger Entwicklungen und notwendige Kurskorrekturen	**Quadrant: Nähe / Wechsel** FK fördert / sorgt für … – eine offene, lockere, motivierende Arbeitsatmosphäre – gute Kontakte zu Kunden und Kooperanden – gutes Image, Würdigung der MA-Leistungen im Unternehmensumfeld	
Distanz			**Näh**
	Quadrant: Distanz / Dauer FK fördert / sorgt für … – Klare Zuständigkeiten und verbindliche Vereinbarungen – Kosten- und Qualitätsbewusstsein – Effiziente Abläufe und Besprechungen	**Quadrant: Nähe/Dauer** FK fördert / sorgt für … – Kooperation, Teamgeist und Verbindlichkeit – Regelmäßige Besprechungen und informellen Austausch – Konstruktive Feedbackkultur	

Dauer

Vier Felder bestellen

Zu Kapitel 4.2 Teamkooperation fördern

Team-Workshops und Klausuren

- Woran würden Sie feststellen, dass diese Veranstaltung ein Erfolg war? Was wäre hinterher anders? Was möchten Sie mit der Veranstaltung minimal/maximal erreichen?
- Welche Vorstellungen und Ideen haben Sie bereits für diese Veranstaltung?
- Wozu soll die Veranstaltung dienen? Was soll sie leisten?
- Wer hätte dadurch welchen Nutzen, und was hätte das Unternehmen davon?
- Wer – außer Ihnen selbst – hat bereits konkrete Erwartungen an die Veranstaltung?

- Wer sollte daran teilnehmen bzw. mit eingebunden werden?
- Welche Rahmenbedingungen sind dafür sinnvoll bzw. vorgegeben (Räume, Dauer, Ausstattung, Budget etc.)?
- Welchen Charakter soll die Veranstaltung haben? Welches Format ist dafür angemessen (eher Workshop mit starker Beteiligung der Teilnehmer, eher Klausur mit hoher Konzentration auf ein Thema, eher Tagung mit starken Informations- und Vortragsanteilen)?
- Wie kann man die Veranstaltung so interessant und anregend gestalten, dass die Teilnehmer an Bord bleiben und ihre Energie und Kompetenz sinnvoll genutzt werden kann (z. B. durch Medien- und Methodenwechsel, wechselnde Moderation, Gruppenarbeiten, Brainstorming, kollegiale Beratung, Best Practice, vorbereitende Aufgaben, Dauer und Pausenregelung etc.)?
- Wie weit kann man die Mitarbeiter an der Gestaltung beteiligen (z. B. an der Vorbereitung und Konzeption, (Teil-)Moderation, Nachbereitung, über gemeinsame Prozessreflexionen)?
- Wie weit wollen Sie auf die Inhalte Einfluss nehmen?
- Wie weit wollen Sie die Mitarbeiter bei inhaltlichen Entscheidungen beteiligen (informieren, Feedback einholen, mitwirken, mitentscheiden oder entscheiden lassen)?
- Wer soll moderieren (die Führungskraft selbst, externer oder interner Moderator, wechselnde Moderation durch Teilnehmer)?
- Was ist – mit Kenntnis der Zielgruppe – besonders zu beach-

ten, wenn die Veranstaltung ein Erfolg werden soll (z. B. die Vorgeschichte, Vorerfahrungen der Teilnehmer, Widerstände gegen Themen oder die gesamte Veranstaltung etc.)?

Als Sparringspartner mit dem Coachee die Vor- und Nachteile der unterschiedlichen Veranstaltungsformate, Methoden und Beteiligungsstrategien reflektieren.

Beteiligungspyramide (vgl. Straub u. a. 2005)

Erwartete Schwierigkeiten genauer beschreiben lassen und ggf. auch in kleinen Rollenspielen nach Lösungen suchen.

Bei Entscheidung für eine externe Moderation Rollenerwartungen klären lassen:

- Welche Erwartungen haben Sie an die Moderation?
- Wie soll das Zusammenspiel laufen? Wo wünschen Sie sich Unterstützung? Wo soll sich der Moderator raushalten etc.

Sinnvolle Besprechungsroutinen

Kurz beschreiben lassen, wie die Besprechungen bisher ablaufen, woran der Erfolg gemessen werden kann und welche Ideen es schon gibt.

Dann mit vertiefenden Fragen und Anregungen ergänzen:

- Wozu ist das Team da? Was muss es gemeinsam leisten?
- Wer muss sich dafür mit wem wozu in welchen Abständen regelmäßig abstimmen?
- Welche Themen gehören regelmäßig in die Präsenzmeetings des Teams, und was ist besser anders zu lösen (z. B. durch bilaterale Gespräche, Online-Plattformen etc.)?
- Welcher Rahmen ist sinnvoll (Teilnehmerkreis, Räume, Dauer, Zeitabstände, Online-Möglichkeiten für virtuelle Besprechungen etc.)?
- Wie kann man diese regelmäßigen Treffen so interessant und anregend gestalten, dass die Teilnehmer an Bord bleiben und ihre Energie und Kompetenz sinnvoll genutzt werden kann?
- Wieweit und wie kann man die Mitarbeiter in die Verantwortung für gelungene Besprechungen einbinden und an der

Gestaltung beteiligen (z. B. an der Vorbereitung, Moderation, Nachbereitung, über gemeinsame Prozessreflexionen)?

- Wie kann man die Besprechungen effizienter und zielorientierter durchführen (z. B. über Agenda mit Ziel und Zeitvorgabe, Themenspeicher, Teilnehmerauswahl, Online-Konferenzen, Stand-up Meetings, Spielregeln etc.)?
- Wie sollen die Ergebnisse protokolliert werden (Ergebnisprotokoll, Fotoprotokoll von Simultanvisualisierungen etc.)?

Feedbackprozesse im Team

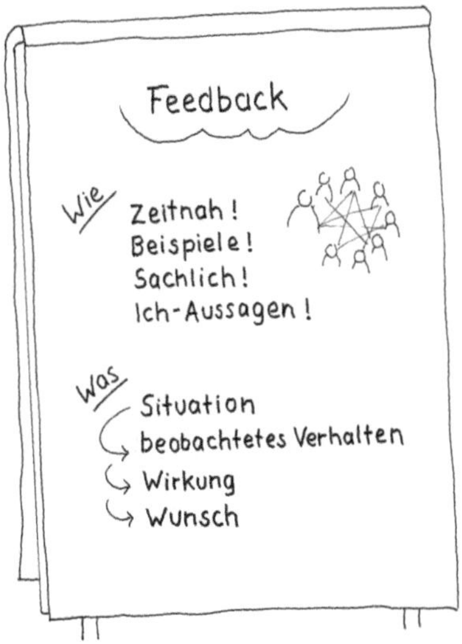

- Gibt es bestimmte Themen, auf die fokussiert werden sollte? Welche Fragen sollen beantwortet werden?
- Welche Vorerfahrung hat das Team/die Führungskraft mit Feedbackprozessen?
- Wie viel Offenheit ist möglich? Wie viel Diskretion ist erforderlich?
- Welche Form/Methode des Feedbacks ist sinnvoll und angemessen?
- Was werden Sie selber beisteuern? Wie wollen Sie sich beteiligen?
- Was könnte schlimmstenfalls passieren? Wie könnten Sie damit umgehen?
- Welche Feedbackregeln sollten vereinbart werden?
- Wie lassen sich regelmäßige Feedbackprozesse sinnvoll in den Arbeitsalltag des Teams integrieren?

Konflikte klären

Zu Kapitel 5.1 Konflikte analysieren und verstehen

Kontext, z. B.:

- Wie ist die Vorgeschichte?
- Welche Rahmenbedingungen sind wichtig?
- Wer ist am Konflikt noch beteiligt oder davon – direkt oder indirekt – betroffen?

- Welche Rolle spielen die Beteiligten? Wer hat wem was zu sagen? Wer kann von wem was erwarten?
- Welche offenen oder verdeckten Interessen spielen eine Rolle? Gibt es Personen, die aus dem Hintergrund die Fäden ziehen?
- Welche Lösungsversuche wurden bereits unternommen?

Situation der Führungskraft, z. B.:

- Worum geht es für Sie, in Ihrer Rolle als Führungskraft, in diesem Konflikt?
- Was stört Sie genau?
- Können Sie dazu ein konkretes Beispiel geben?

Den Coachee die Situation aus den unterschiedlichen Führungsperspektiven konkretisieren und bewerten lassen:

- Was stört Sie, und wie bewerten Sie die Situation
  - aus der Unternehmerperspektive?
  - als Experte?
  - als Teamcoach?
- Wie fühlen Sie sich persönlich, als mitbetroffener Mensch, in diesem Konflikt?

Situation des anderen (Einfühlung im Rollentausch), z. B.:

- Wenn Sie sich in die Rolle des Mitarbeiter versetzen, wie lange sind Sie schon im Unternehmen/in dieser Abteilung?
- Was können Sie besonders gut? Was macht Ihnen besonderen Spaß?
- Und wie stehen Sie zu Ihrer Führungskraft? Was ist das für ein Mensch Ihrer Meinung nach?
- Wie erleben Sie die Zusammenarbeit mit Ihrer Führungskraft/Ihrem Kollegen/Ihrem Team?
- Was würden Sie sich wünschen oder erwarten?

Interaktionsmuster, z. B.:

- Gibt es typische Verhaltensmuster und Reaktionen?
- Sind Teufelskreise erkennbar?
- Tragen Sie mit Ihrem Verhalten zum Konflikt bei? Wie und womit gießen Sie Öl ins Feuer?
- Gibt es Situationen und Umstände, in denen es Ihnen oder dem anderen bereits jetzt gelingt, aus dem typischen Konfliktmuster auszusteigen und sich anders zu verhalten?

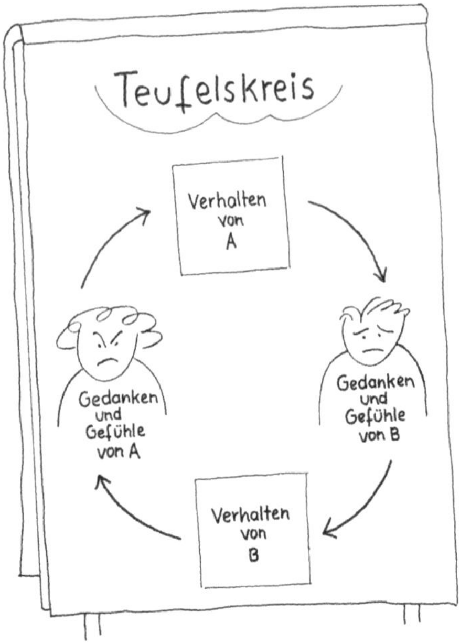

Bedeutung/Sinn des Konflikts, z. B.:

- Wer könnte etwas davon haben, wenn alle so weitermachen wie bisher und den Konflikt nicht austragen? Wer profitiert von dem Konflikt?
- Was wäre erreicht, wenn dieser Konflikt gelöst wäre? Was wäre geklärt? Wer hätte was gelernt? Wozu hätte der Konflikt beigetragen, bzw. wobei hätte er geholfen?

Ressourcen für eine Lösung, z. B.:

- Wer hat ein Interesse an der Lösung des Konflikts? Wer könnte zur Lösung des Konflikts beitragen?
- Wer hat bisher welche Lösungsversuche unternommen? Mit welchem Erfolg?
- Wer ist Ihnen wohlgesinnt und könnte Sie bei der Konfliktklärung unterstützen?
- Welche persönlichen Fähigkeiten und Stärken haben Sie, die Sie zur Lösung des Konflikts einsetzen können?
- Gibt es Situationen, in denen der Konflikt nicht auftritt? Was ist in diesen Situationen anders? Wie verhalten Sie sich in diesen Momenten? Wie schaffen Sie das? Wie könnten Sie sich öfter so verhalten?

Persönliches Fazit, z. B.:

- Was möchten Sie erreichen? Was wäre das absolute Minimum, mit dem Sie noch leben könnten? Was wäre das maximale Ziel?
- Was/wie könnten Sie selbst dazu beitragen, um dieses Ziel zu erreichen? Zum Beispiel Ihre Einstellung ändern? Ihr eigenes Verhalten ändern? Eine Klärung im Dialog suchen? Strukturen und Abläufe ändern?
- Wo sind Sie auf die Mithilfe von anderen angewiesen? Was brauchen Sie von anderen?
- Wie wollen Sie in diesem Konflikt weiter vorgehen?

Zu Kapitel 5.2 Konfliktgespräche vorbereiten

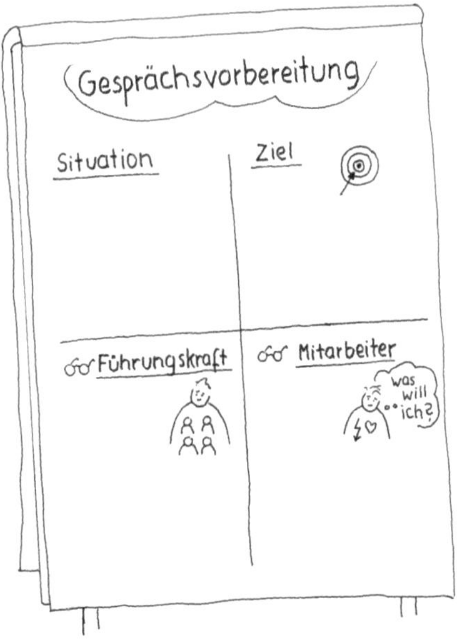

Gesprächsvorbereitung mit dem Vier-Felder-Schema:

Unter Berücksichtigung aller bisherigen Erkenntnisse: Was ist wichtig und sollte Ihnen im Gespräch möglichst präsent sein?

Zur Situation

- Welche Fakten zur Ausgangssituation, Vorgeschichte und den Rahmenbedingungen sind wichtig?

Perspektive Führungskraft

- Mal angenommen, es ist einige Zeit vergangen, der Konflikt wäre gelöst und alles hätte sich genau so entwickelt, wie Sie es sich wünschen / … was wäre dann gewonnen …
  … aus unternehmerischer Sicht?
  … aus der Sicht des Experten?
  … aus der Perspektive des (Team-)Coachs?
  … für Sie ganz persönlich?

Perspektive Mitarbeiter

- Wenn Sie sich in die Situation und Rolle des Mitarbeiters versetzen: Wie schätzen Sie die Situation ein?
- Wie erleben Sie die Kooperation mit Ihrer Führungskraft?
- Mit welchen Wünschen, Zielen und Erwartungen werden Sie ins Gespräch kommen?

Gesprächsstrategie

- Was möchten Sie mit dem Gespräch erreichen (minimal und maximal?) Wann wäre das Gespräch erfolgreich?
- Was würden Sie gerne in diesem Gespräch auf den Punkt bringen? / … vereinbaren?
- In welcher Atmosphäre soll das Gespräch stattfinden?
- Wie wollen Sie vorgehen? Worauf wollen Sie besonders achten?
- Was wird Ihre persönliche Herausforderung sein?

Kritisches konstruktiv ansprechen

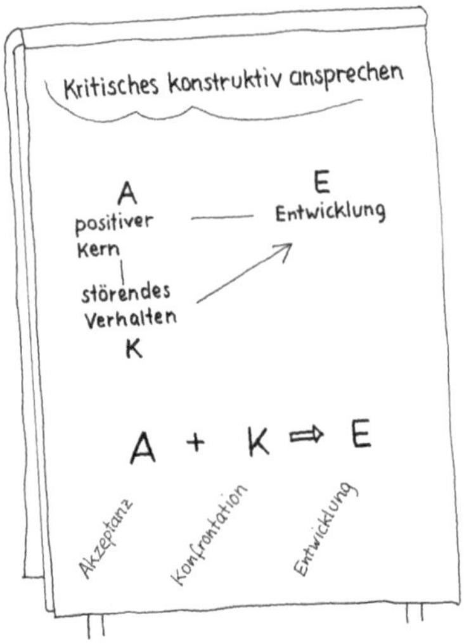

Entwicklungsdreieck (vgl. Schulz von Thun 1998)

Bei kritischen persönlichen Rückmeldungen im Konfliktgespräch drei Aspekte ansprechen:

Das **störende Verhalten**

- Was stört genau? Welches Verhalten stört in welchen Situationen besonders, und welche negativen Auswirkungen hat das?

Den **positiven Kern** dieses Verhaltens

- Welche Kompetenz oder Ressource erkennen Sie – trotz Ihrer Kritik – in dem störenden Verhalten des Mitarbeiters?

Die gewünschte **Entwicklungsrichtung**

- Welche ergänzende Kompetenz müsste der Mitarbeiter stärker entwickeln?

Zu Kapitel 5.3 Das Konfliktgespräch führen

Übungssituationen zu den vier Gesprächsphasen anbieten, dabei besonders den Wechsel von Zuhören und Stellungnehmen trainieren.

Kontakt und Orientierung schaffen	**Situation und Ziele herausarbeiten**	**Lösungen entwickeln**	**Transfer sichern**
Kontakt finden	Einschätzung des Mitarbeiters verstehen	Ressourcen nutzen/Optionen prüfen	Fazit ziehen, zusammenfassen
Thema und Anlass prägnant ansprechen	Stellung nehmen: Kritisches konstruktiv ansprechen	Lösungsideen sammeln	Aufwand, Einwände und Risiken prüfen
Ziele und Rahmen des Gesprächs klären	Ziele und Bedürfnisse des Mitarbeiters erfragen	Lösungsoptionen durchspielen	Umsetzung konkretisieren und sichern
Einverständnis überprüfen	Ziele aus Führungssicht formulieren	Lösungsoptionen bewerten	Feedback zum Gespräch geben

Literatur

Bate, P.: Cultural Change. Strategien zur Änderung der Unternehmenskultur. München 1997

Buhr, A.: Führungsprinzipien. Worauf es bei Führung wirklich ankommt. Offenbach 2016

Dräther, R. / Koschek, H. / Sahling, C.: Scrum – kurz und gut. Köln 2013

Drucker, P. F.: Was ist Management? Das Beste aus 50 Jahren. München 2002

Egolf, D. B.: Forming Storming Norming Performing. Successful Communication in Groups and Teams. Lincoln 2001

Fischer, P.: Neu auf dem Chefsessel ‹Die ersten 100 Tage›. München 2005 / 2015

Fisher, R. / Ury, W. L. / Patton, B.: Das Harvard-Konzept. Sachgerecht verhandeln – erfolgreich verhandeln. Frankfurt 2000

Fischer-Epe, M.: Coaching: Miteinander Ziele erreichen. Reinbek 2002/2011

Fischer-Epe, M./Epe, C.: Selbstcoaching. Reinbek 2007

Fischer-Epe, M.: Das Innere Führungsteam. In: Rauen, C.: Coaching-Tools Band III. Bonn 2012

Fischer-Epe, M./Reissmann, M.: Mit Coaching zur Strategie. In: «Wirtschaft und Weiterbildung» Heft 06/2010

Fischer-Epe, M. (2012): Führen und Coachen in der Praxis. In: «Personalführung», Heft 12/2012

Gloger, B./Margetich, J.: Das Scrum-Prinzip: Agile Organisationen aufbauen und gestalten. München 2014

Gloger, B./Rösner, D.: Selbstorganisation braucht Führung: Die einfachen Geheimnisse des agilen Managements. München 2014

Haberleitner, E./Deistler, E./Ungvari, R.: Führen, Fördern, Coachen: So entwickeln Sie die Potenziale Ihrer Mitarbeiter. München 2008

Hansel, J./Lomnitz, G.: Projektleiter-Praxis. Berlin 1993

Helwig, P.: Charakterologie. Breisgau 1967

Hersey, P. / Blanchard, K.: Management of Organizational Behavior. 10. Auflage. New Jersey 2013

Hofbauer, H. / Knauer, A.: Einstieg in die Führungsrolle. Praxisbuch für die ersten 100 Tage. München 2014

Howard, P. J. / Howard, J. M.: Führen mit dem Big-Five Persönlichkeitsmodell. Frankfurt 2002

von Kopp, D.: Führungskraft – und was jetzt? Vom Kollegen zum Vorgesetzten. Den Rollentausch meistern. Berlin 2014

Kotrba, V. / Miarka, R.: Agile Teams lösungsfokussiert coachen. Heidelberg 2015

Laufer, H.: Grundlagen erfolgreicher Mitarbeiterführung. Offenbach 2005

Malik, F.: Führen, Leisten, Leben. Wirksames Management für eine neue Zeit. Stuttgart 2001

Nagel, G.: Wagnis Führung. München 1999

Pink, D. H.: Drive ‹Was Sie wirklich motiviert›. New York 2009

Pinnow, D. F.: Führen. Worauf es wirklich ankommt. Wiesbaden 2012

Posé, U.: Von der Führungskraft zur Führungspersönlichkeit: Vom Wert einer Vertrauens- und Verantwortungskultur. Wiesbaden 2016

Reiß, M. / v. Rosenstiel, L. / Lanz, A. (Hrsg.): Change Management. Programme, Projekte, Prozesse. Stuttgart 1997

Reiss, S.: Das Reiss Profile™. Die 16 Lebensmotive. Welche Werte und Bedürfnisse unserem Verhalten zugrunde liegen. Offenbach 2009

Riemann, F.: Grundformen der Angst. München 1961

Schulz von Thun, F.: Miteinander reden 1. Störungen und Klärungen. Reinbek 1981 / 2010

Schulz von Thun, F.: Miteinander reden 2. Stile, Werte und Persönlichkeitsentwicklung. Reinbek 1989 / 2010

Schulz von Thun, F.: Miteinander reden 3. Das «Innere Team» und situationsgerechte Kommunikation. Reinbek 1998 / 2010

Senge, P. M.: Die fünfte Disziplin. New York 1990

Sprenger, R. K.: Mythos Motivation – Wege aus der Sackgasse. Frankfurt am Main 2014

Sprenger, R. K.: Das anständige Unternehmen: Was richtige Führung ausmacht – und was sie weglässt. Stuttgart 2015

Stahl, E.: Dynamik in Gruppen. Weinheim 2002

Stippler, M./Moore, S./Rosenthal, S./Dörffer, T.: Führung – Überblick über Ansätze, Entwicklungen, Trends. Gütersloh 2011/2014

Straub, W. G., Seminarunterlagen zur Prozessberater-Qualifizierung. Tegernsee 2005

Thomann, Chr./Schulz von Thun, F.: Klärungshilfe 1: Handbuch für Therapeuten, Gesprächshelfer und Moderatoren in schwierigen Gesprächen. Hamburg 1988

Tuckman, B. W./Jensen, M. A.: Stages of small-group development revisited. Group Org. Studies 2, 1977

Tuckman, B. W.: Developmental sequence in small groups. Psychological Bulletin, 63, S. 384–399. 1965

Watzlawick, P./Beavin, J. H./Jackson, D.: Menschliche Kommunikation. Formen, Störungen, Paradoxien. Bern 1971/2011

Wunderer, R./Grunwald, W.: Führungslehre. II. Kooperative Führung. Berlin 1980